Osprey Aviation Elite

Luftwaffe Sturmgruppen

John Weal

Osprey Aviation Elite

[オスプレイ軍用機シリーズ]
52

ドイツ空軍強襲飛行隊

[著者]
ジョン・ウィール
[訳者]
手島 尚

大日本絵画

カバー・イラスト/マーク・ポーストレスウェイト
カラー塗装図/ジョン・ウィール

カバー・イラスト解説

ヒットラー最後の大博打、アルデンヌ森林地帯突破を図る反撃作戦――"バルジ攻防戦"――は、開始から8日後、1944年のクリスマス・イヴにはすでに困難に陥っていた。総統はこの地方の冬の悪天候が地上部隊の行動を連合軍の航空攻撃から護ってくれると期待していたが、それは長くは続かなかった。12月23日の早朝、霧は段々に薄れていき、青く晴れ渡った空が拡がった。その翌日、第8航空軍の2,000機以上のB-17とB-24が出撃し、戦線背後のドイツ空軍基地と輸送機関の目標に向かった。米軍爆撃機部隊の出撃に対応して、IV.（Sturm）/JG3のFw190 30機がギュータースロー基地から1130時に離陸した。1時間空中待機した後、彼らは誘導を受けて、アーヘン南方のドイツ国境に接近してくるフォートレスの大編隊の迎撃に向かった。この飛行隊が国境の外で敵と交戦することは滅多になかったのだが、この日はベルギー領内、リエージュの上空で接敵した。飛行隊長、フーベルト=ヨルク・ヴァイデンハンマー大尉は編隊を率いて、大きく弧を描く左への上昇旋回に入り、敵編隊の後方に接近すると攻撃開始を命じた。

"黄色の19"に乗ったヴィルヘルム・ホップフェンジッツ士官候補生・軍曹は、前日にIV.（Sturm）/JG3が屠った30機のB-26マローダーのうちの1機を撃墜して初戦果をあげ、この日は四発重爆1機を戦果に加えようと心を決めていた。彼は487BGの中段中隊編隊の左の端の1機を狙い、接近していった。そのB-17が照準器いっぱいに拡がって見えた時、彼は30mm機関砲を発射した。大口径弾を撃ち込まれた重爆は激しく振動し、ゆっくりと降下し始めた。この成功で威勢を高めたホップフェンジッツは、舵を切って2機目の目標の後方に迫っていった。うまく射撃位置に着こうとして夢中になっていたので、彼の機の下方、30mほどを飛ぶ487BGの下段中隊編隊を追い抜いたことに気づかなかった。この編隊のどの機かの機銃手がこの至近距離で、フォッケウルフのエンジンのあたりに機銃弾を撃ち込んだ。この若いパイロットは2機目の四発重爆撃墜をあきらめ、落下傘降下して連合軍の捕虜となった。戦後の記録によれば、彼が最初に狙った獲物、838BSのB-17G 43-37979は何とか飛び続け、ブリュッセルの南東のルキュロ飛行場に不時着し、大破して廃棄処分された。。

凡例

ドイツ空軍（Luftwaffe）
Jagdgeschwader（JGと略記）→戦闘航空団、Gruppe（ローマ数字で表示）→飛行隊、Staffel（アラビア数字で表示）→中隊（例：I./JG 1→第1戦闘航空団第I飛行隊
5.（Sturm）/JG300→第300戦闘航空団第5（強襲）中隊）

翻訳にあたっては「Osprey Aviation Elite Units 20 Luftwaffe Sturmgruppen」の2005年に刊行された版を底本としました。[編集部]

目次 contents

6	1章	第1強襲飛行隊──焰の試練 STURMSTAFFEL 1— TRAIAL BY FIRE
36	2章	IV.（Sturm）/JG3──不安定なスタート IV.（Sturm）/JG3 — A SHAKY START
52	3章	オシャースレーベン上空の戦闘 ──一躍、国民的英雄に OSCHERSLEBEN — NATIONAL HEROES
76	4章	最高の兵力、減少する戦果 PEAK STRENGTH, DIMINISHING RETURNES
106	5章	アルデンヌ反撃作戦、 ボーデンプラッテ作戦、 そして東部戦線での最後の戦い THE BULGE, BODENPLATTE AND THE END OF THE EAST
108		あとがき ──強襲攻撃から体当たり攻撃へ POSTSCRIPT — FROM STURM TO RAMM

65 カラー塗装図
colour plates

124 カラー塗装図 解説

第1強襲飛行隊——焔の試練
STURMSTAFFEL 1— TRAIAL BY FIRE

"私は私自身の自由意志によって強襲飛行隊を志願いたしました。私はこの飛行中隊(シュタッフェル)の基本的原則を十分に理解しております。

1. すべての攻撃行動は例外なく編隊によって行い、可能な限り敵機に接近した距離内で射撃する。
2. 敵機に接近する途中で編隊内に損失が発生した時は、ただちに指揮官機との間隔を詰め、脱落した機の位置を埋める。
3. 攻撃目標とした敵機は、可能な限り接近した距離からの射撃によって撃墜する。射撃によって撃墜できない場合は、体当たりによって撃墜する。
4. 強襲パイロットは損傷をあたえた敵機が地上に撃墜するのを確認するまで、目標機との接触を続ける。

"私は私自身の意志によって、この原則遵守の義務を受諾し、私が目標とした敵機を撃墜できないままでは基地に帰還致しません。私がこの原則に違背した場合、軍法会議による審理、または当飛行中隊からの除籍の処分を受けることに異議はありません"

1943年11月17日、最初の12名ほどの志願パイロットがこの尋常ではない書類に署名し、これがヒットラーの第三帝国本土の昼間防空戦の長い長い物語の新しい章を開くことになった。

この物語は、4年以上も前、RAF(英国空軍)爆撃機コマンドが北海を越えて編隊を出撃させ、恐る恐る最初の数回のドイツ本土爆撃を試みた時に始まった。これらの試みに対して、RAFはドイツ空軍戦闘機隊の迎撃によってただちに代償を支払わせられた。1939年12月14日と18日にヴィルヘルムスハーフェン周辺水域の艦船爆撃に出撃した合計34機のウェリントンのうち、ちょうど半数が撃墜された。ドイツ本土上空には進入していなかったにもかかわらず(詳細については本シリーズVol.11『メッサーシュミットBf109D/Eのエース 1939-1941』を参照されたい)。当然考えられることだが、その結果、RAFはすばやく戦略方針を再検討して、ドイツに対する爆撃作戦は主に夜間に実施するように制限した。

その後、対ドイツ昼間爆撃が再び考えられたのは、1941年12月に米国が第二次大戦に参戦してからである。USAAF(米国陸軍航空軍)は四発重爆撃機、B-17フライングフォートレスとB-24リベレーターとの威力と、"漬物樽の中にさえも爆弾を命中させる"という評判の投弾能力に自信を持っており、昼間精密爆撃を全面的に主張していた。RAFは毎晩のように、1機ずつが数本のコース沿いに長い前後間隔をおいて点々とドイツ本土上空に進入する

"ボマー・ストリーム"戦術による爆撃を重ねており、それに参加するように説得に努めた。しかし、米国人はこれを受け入れなかった。USAAFは彼らの密集編隊による昼間爆撃戦術を頑強に主張した。その後、正面から対立する米英両国の方針は、RAFは夜間、USAAFは昼間を担当するうまい連係によって、"一日中連続"（ラウンド・ザ・クロック）攻勢爆撃作戦としての効果をあげるようになったが、それはまだ先のことである。USAAFの爆撃機乗員がRAFから借りた双発軽爆、ダグラス・ボストンによって英国海峡を越え、欧州大陸西部のドイツ軍占領地域爆撃を開始したのは、1941年12月7日に日本海軍が真珠湾を攻撃してから6カ月以上も後である。そして、USAAFの四発"重爆"（ヘヴィーズ）が初めてドイツ本土自体に投弾したのは、それからさらに6カ月後のことである。

　米国にとって歴史的に重要なこの昼間爆撃、1943年1月27日の作戦の目標は、北海沿岸のヴィルヘルムスハーフェン軍港だった。ここはスズメバチの巣と同様に強力な防空夜間戦闘機部隊が配備され、1939年12月にはRAFのウェリントンの編隊に大損害をあたえた。しかし、この日は55機のB-17のうち、1機が撃墜されただけだった（この外に32機がさまざまな程度の損傷を受けたが）。

　爆撃機の密集編隊は敵戦闘機の攻撃を十分に防御できるとUSAAFは自信を持っていて、初めのうちはそれが実証されたかに思われた。しかし、フォートレスとリベレーターがこの時期の護衛戦闘機の行動半径を超え、ドイツ本土に奥深く進入するようになると、損失機の数は危険なレベルにまで増大していった。損失数は1943年8月17日のシュヴァインフルトとレーゲンスブルクに対する同日2目標連続爆撃作戦で最高点に達した。敵地上空に進入したB-17、315機のうち、実に60機が撃墜され、その3倍近くが損傷を受け

第8航空軍の四発重爆部隊は初期の護衛戦闘機なしでのドイツ本土長距離進入爆撃作戦で、大きな損害を被った。この第100爆撃グループ（100BG）のB-17F "ダラスからきたアリス"も、1943年8月17日の重要2目標、シュヴァインフルトとレーゲンスブルク爆撃作戦の際に喪われた60機のうちの1機である。

たのである。

　それから2カ月足らず後、10月14日の二度目のシュヴァインフルト爆撃では229機のB-17のうちの60機が撃墜され、損失率は60パーセントを越えた。そして、損傷機は136機に達した。これらの数字はドイツ本土に対する昼間爆撃が成功するか否か、まだまったく予見できないことを示していた。ドイツ空軍の戦闘機と対空砲による防空体制は、USAAFの"重爆"もドイツ本土上空に深く進入してくれば、4年前にヒットラーの領土の境界地域に対して昼間爆撃を試みた英爆撃機コマンドの双発機とほぼ同様に、大きな損害を被ることを明らかにした。

　ヨーゼフ・ゲッベルス博士の宣伝省は、迎撃戦で大きな戦果があがるたびに勝ち誇った報道を繰り広げた。しかし、その一方で、もっと冷静でプロフェッショナルな考えの人々は、着実に兵力増大を続けるUSAAF第8航空軍がもたらす本来的な危険を、すでに察知していた。2回目のシュヴァインフルト爆撃よりも前の時期に、ドイツ空軍の比較的若いひとりの将校が、鋭い先見性のある意見を持ち始めた。目に見えて増大してくる米軍の航空戦力は、彼らが絶対的優位に立つ前に叩き潰さなければならない。それをやり遂げるためには従来の常識を超えた戦術を取ることが必要だと考えたのである。

■コルナツキ──強襲戦術の着想者
KORNATZKI - STURM VISIONARY

　ハンス＝ギュンター・フォン＝コルナツキは1906年6月22日、陸軍の将官の子息として低シュレージエン地方のリークニッツで誕生した。彼はドイツ国防軍（ワイマール共和国時代の軍隊）に21歳で入隊し、その後、志願して飛行訓練を受けた。1934年の春にヴェールノイヘン戦闘機学校（ヤクトシューレ）を修了するとすぐに、I./JG132（第132戦闘航空団第I飛行隊）──当時まだ存在が秘密にされていた空軍の中で最初であり、唯一の戦闘飛行隊だった──の副官に任命された。その翌年、フォン＝コルナツキ中尉は新たに編成されるII./JG132に転任した。1936年には大尉に進級し、ミュンヘン危機の際に臨時に編成された地上攻撃任務の5個飛行隊（本シリーズVol.43『ドイツ空軍地上攻撃飛行隊』を参照されたい）のうちのひとつの指揮官に任命された。第二次大戦勃発の頃、フォン＝コルナツキ大尉は新鋭機、Bf109E装備のII./JG52を編成する任務を与えられ、それから1年ほど、この飛行隊を率いて戦った後、幕僚職への途に移った。そして、1943年9月24日、戦闘機隊査察総監アードルフ・ガランド少将の幕僚に任じられた。

　少佐に進級していたフォン＝コルナツキは以前からガランドと知り合っており、着任後、すぐに彼の革新的な提案の概略を戦闘機隊総監に説明した。彼は本土防空の任務についている戦闘機部隊が、米軍の"重爆"に着実な損害、時には大きな損害をあたえていることを認めた。しかし、本当に必要なのは進入してきた編隊全部を空から叩き落とすことを目指す計画を立て、1回、または数回連続の大打撃をあたえることだと彼は力説した。米国人はそれほどの大損害を無視することはできないので、これによって彼らの昼間爆撃戦略全体を危機に追い込むことができると彼は確信していたのである。フォン＝コルナツキはこれだけの結果を得るための最良の方法を提案した。"特別な訓練を受けた志願パイロットの部隊を編成し、重武装、重装甲の戦

闘機に乗った彼らが密集編隊を組んで可能な限り至近の距離まで目標に接近して、集中的な射撃を打ち込む。もし、その攻撃がいずれも成功しなければ、敵機に体当たりする"

　ガランドは即座にこの提案に同意し、フォン＝コルナツキが実験的な1個飛行中隊——彼は"体当たり戦闘隊（ラムイェーガー）"と呼んでいた——を編成することを承認したといわれている。

　1943年10月の初め、総監部の将校たちがドイツ国内と占領地の戦闘機隊の基地と学校を廻り、志願者を募った。その結果、圧倒的な反応があったとはいえなかったが、1個飛行中隊を編成するのに必要な人数以上の志願者が集まった。

　フォン＝コルナツキは隊員候補者をベルリンの彼のオフィスに呼び出し、ひとりずつ面接した。彼はこの中隊新編の背後にある基本的な考えを説明し、隊員たちには何が期待されているかを語った。この任務に伴う危険については率直に話したが、この飛行中隊は自殺攻撃部隊（当時はまだ"カミカゼ"という言葉は世の中に広まってはいなかった）ではないことを彼は強調した。

壁に書かれた文字を読んだ男、ハンス＝ギュンター・フォン＝コルナツキ少佐。そして、そこから凶事の前兆を読み取った彼は"強襲飛行隊の父"となった。

体当たりは最後の手段として使うものであり、それも決して計画された自己犠牲行為としてではない。パイロットたちは爆撃機の比較的脆弱な部分、尾部を狙って、頑丈な装甲構造の戦闘機を体当たりさせるように期待されている。敵の爆撃機は尾部の操縦舵面を吹き飛ばされるか、それに大きな損傷を受けるかすれば、ほぼ確実に墜落する。一方、攻撃するパイロットは、装甲板で囲まれたコクピットの中で生き残るチャンスが大きい。

　コルナツキは彼が計画している飛行中隊について説明する時、歩兵の強襲部隊（シュトゥルムトルッペン）、または衝撃攻撃部隊を例として使った。これは地上戦で主攻撃開始に先立って敵戦線を突破し、敵の戦意を打破することを任務とする小部隊である。彼はこの行動を彼の飛行中隊の任務とするように計画していた——四発重爆が密集している大編隊に巨大な穴を開け、緊密に組まれたボックス型編隊を大混乱に陥れて、後に続くいくつもの戦闘飛行隊*（ヤークトグルッペン）がうまく攻撃をかけることができる状態をつくるのである。

　*訳注：1個戦闘飛行隊の配備定数は、この時期には単発戦闘機40

機ほどだったが、可動機はその半分ほどだった。1個戦闘航空団は3個飛行隊（末期には4個飛行隊）で編成されていた。

衝撃攻撃部隊をベースにしたこの計画は、明らかに空軍の上層部の気持を動かした。それは第1戦闘兵団（ヤークトコーア）の1943年10月19日の戦闘日誌の次のような記述に現れている。
"公式のチャネルを通じて第1強襲飛行中隊（シュトゥルムシュタッフェル）が新設される。期間6カ月の臨時措置である。即日発効"

部隊の編制進む
UNIT FORMATION

フォン＝コルナツキがベルリンでの面接によって選んだ16名のパイロット（18名の姓名をリストした資料もある）は、オスナブリュックに近いアハマー飛行場に出頭するように命じられた。彼らは戦闘機隊と爆撃機隊双方の実戦ベテラン、操縦教官、訓練を修了したばかりの新米など、さまざまな者が入り交じっていた。彼らがこの飛行中隊を志願した理由も、彼らの経歴と同様にさまざまに違っていた。その数週間後には同じ人数が加わって、第1強襲飛行中隊のパイロット名簿には3ダースほどの姓名が並ぶことになっていた。

11月の初めにアハマーに到着した第二陣の中のひとりは、進級したばかりのエルヴィーン・バクシラ少佐だった。彼はフォン＝コルナツキより若いが、年齢の差は4歳だけであり、オーストリア＝ハンガリー帝国の時代の1910年にブダペストで誕生した。大戦間期にオーストリアの士官学校を卒業した後、誕生したばかりのオーストリアの航空隊に入った。そして、オーストリアがドイツに併合された時、バクシラはドイツ空軍に編入された。第二次大戦が勃発した時、Bf109を装備したII./ZG1（一時、JGr.101と呼ばれた）の中尉として、ポーランド進攻作戦に参加した。

フォン＝コルナツキとは違って、バクシラは実戦部隊で戦い続け（比較的高い年齢にもかかわらず）、その後、JG52とJG77に所属してロシア戦線と北アフリカ戦線で活動した。この大戦での14機目の撃墜戦果（1942年12月13日、アゲダビアの上空でスピットファイア1機撃墜を報告した）をあげてから少し後に、バクシラ大尉は対空砲火によって敵戦線内に撃墜されたが、歩いて味方戦線に帰ってくることができた。

チュニジアから部隊が撤退した後、エルヴィーン・バクシラは東部

フォン＝コルナツキ少佐は能力の高い人物の協力を受けて、最初の実験的な強襲戦術部隊を実現することができた。それは戦闘機パイロット、エルヴィーン・バクシラ少佐だった。

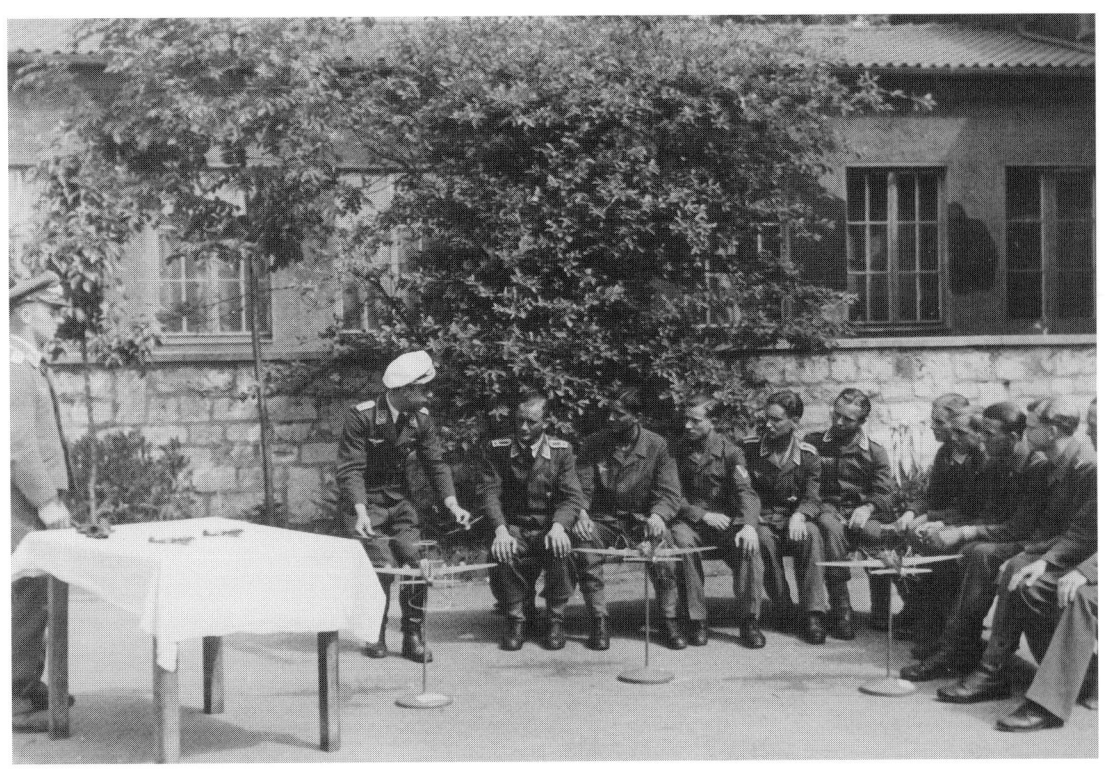

ドイツ空軍の本土防空任務につく戦闘機パイロットに対する通常の教育・訓練は、時にはきわめて初歩的、基本的なものだった。ここでは白い日覆いつきの軍帽をかぶった中尉が、フォートレスの模型の3機編隊を前に置き、自分も戦闘機の模型を手に持って、前上方攻撃を説明している。まずは理論の説明だが……

……現実の戦いの様相はかなり違っていた。この場面では92BGのB-17の編隊が威風堂々と大空を横切って飛び、その上空では護衛戦闘機が警戒の目を光らせている。

戦線にもどり、そこで第1強襲飛行中隊参加を志願したのである。成熟した人格と豊富な実戦経験を持っている彼は、フォン=コルナツキの協力者として最適の人物だった。彼ら2人は協同して、志願パイロットたちを次の段階に進める準備にとりかかった。

アハマーはこの作業にとって完全な条件を備えていた。オスナブリュックの北西12kmの距離にあるテスト飛行場であり、第二次大戦中、ドイツ空軍の航空機と兵器の開発に重要な役割を果たした。そして、その後12カ月にわたって、有名なコマンド（実験部隊）・ノヴォトニーのメッサーシュミットMe262の基地となった（木シリーズVol.3『第二次大戦のドイツジェット機エース』を参照されたい）。

この時期、アハマーに置かれていた部隊のひとつは第25実験飛行隊（エアプロブンクスコマンド）だった。この部隊の任務は"四発重爆と戦闘するための特殊兵器の開発とテスト"だった。第1強襲飛行中隊のパイロットたちの周囲には機関砲を装備したBf110やMe410、翼の下面にロケット発射チューブを装備したBf109などが並び、彼らにとってこれ以上よい環境は外にないほどだった。

やがて、彼ら自身の使用機、フォッケウルフFw190A-6 12機が配備された。操縦席の前方、胴体内に

標準的なFw190A-6の右の主翼、2門の20mm MG150/20機関砲が突き出ている。

7.9mm MG17機銃2挺、主翼内に20mm MG151/20機関砲4門を装備した標準型だったが、フォッケウルフ社の技術者の協力の下に改造——戦闘機隊総監への事前の報告も、その許可もなしだったといわれる——が行われた。風防の側面窓に30mm "胸当て"（トーラクス）防弾ガラスを追加し、コクピットの両側に5mm外装装甲板を取りつける改造である。

それに加えて、コクピットのスライドするキャノピーの両側面に30mm防弾ガラスのパネル（粗い造りの木製の枠にはめられていた）が取りつけられた。このパネルはすぐに "目隠し"（ブリンカーズ）と呼ばれるようになり、だれもが喜ぶものではなかった。このニックネームが意味しているように、このパネルは前だけが見えるようにしてある競走馬の目隠しのようにFw190の長所であるコクピットから全周への広い視界を妨げた。そして高高度に上昇すると問題はい

初期の強襲戦闘用のFw190では、縁を曲線に整形した外装用装甲板（写真の左下の隅に見える）が風防の下の位置に取りつけられていた他に、キャノピーの両側に厚さ30mmの防弾ガラスが取りつけられた。これはすぐに "目隠し" と呼ばれるようになり、あまり好まれなかった。側方の視界がひどく妨げられるので、多くのパイロットはこれを取り外した。

っそう悪化した。パネルとキャノピーのガラスの間にすぐに氷が拡がり、側方がはっきり見えなくなったのである！

　このような防弾ガラスと装甲板は12.7mmブローニング機銃（米軍の四発重爆の防御火器）の銃弾に対してパイロットを防護するために計画されたものであり、目立つように取りつけられているために、彼らの士気によい影響があるともいわれていた。しかし、多くのパイロットは自分の運に賭けてみようとした。高い防護性よりも広い視野を選んで、乗機のキャノピーから"目隠し"パネルを外してしまったのである。

　1943年の末の数週間、パイロットたちは新しい乗機の"感じ"をつかもうとして飛び廻った。装甲板の重量はA-6──"強襲戦闘機"（シュトゥルムイェーガー）と呼ばれるようになっていた──の性能に明らかに影響があった。その結果、大半の機から胴体の2挺の機銃が取り外され、銃口が出ていた窪みは金属板でカバーされた。当然のことながら、中隊のパイロットたちの中で、重量が増大したフォッケウルフの弱点を飲み込んで、早いうちにうまく乗りこなすようになったのは、以前に戦闘機で実戦経験を重ねた者たちだった。それでも、その中のひとりは語っている──"私は肘まで防火壁に突っ込むほどの勢いで、スロットルのアームを力いっぱい前に押して、この野郎を何とか地面から浮き上がらせたんだ！"

　しかし、すぐに、パイロットたちは全員、腕前を上げ、実戦で使う

第1強襲飛行中隊のヴェルナー・パイネマン伍長が彼のFw190のコクピットに座り、整備員が風防前面の50mm防弾ガラス・プレートにもたれている。この機は風防の側面とキャノピーの側面にも30mm防弾ガラスのパネルが取りつけられている。パイネマンは1944年3月4日の戦闘で負傷し、2カ月後に回復して11./JG3に配属された。8月21日に7.（Sturm）/JG4に転属し、9月28日に乗機が離陸の際に墜落して死亡した。その時までに、パイネマンが確認を与えられた個人撃墜戦果は1機のみだった。

1943年11月17日、ヘルマン・ゲーリング空軍最高司令官は、アードルフ・ガランド戦闘機隊総監（画面の左端）と共に、アハマー基地を公式訪問した。ホルスト・ガイアー大尉のE.Kdo25（第25実験飛行隊）の隊員の列を査閲した後……

ことになる戦術の訓練に進んだ。JG2は1942年にフランスの上空で米軍の四発重爆を攻撃するために正面攻撃戦術——重爆の乗員たちは"正面、高い位置からの攻撃"と呼んで恐ろしがった——を創りだして効果をあげた（本シリーズVol.28『第2戦闘航空団リヒトフォーフェン』を参照されたい）。しかし、フォン＝コルナツキが計画した強襲飛行中隊の戦術は、それとはまったく異なっていて、鏃の形の密集編隊を組んで真後ろから敵の爆撃機編隊に接近し、至近距離で攻撃するのである。彼らの乗機には追加の装甲板が取りつけられているので、重爆編隊の全機の尾部、胴体の背面、下面、側面の銃手たちが必至になって撃ちまくる膨大な量の銃弾にもかなり耐えることができるはずだった。しかし、彼らにとっては別の危険があった。

迎撃戦が敵の護衛戦闘機の行動半径で展開される場合、密集編隊を組ん

……国家元帥は第1強襲飛行中隊のパイロットたちの列の前に立った。これは彼が飛行中隊長、ハンス＝ギュンター・フォン＝コルナツキ少佐と言葉を交わしている場面である。

フォン=コルナツキの肩に手をかけて語りかけているゲーリング。この後、彼はパイロットひとりずつの肩に手を差し伸べ、君の武勲を祈っていると言葉をかけた。コルナツキの左側に並んでいるのはバクシラ少佐、オットマー・ツェハルト中尉、ハンス=ゲオルク・エルザー少尉である。背景の建物全体にはカムフラージュのためのネットが掛けられている。

1944年の初め、第1強襲飛行中隊は準備訓練を完了して、I./JG1の基地であるドルトムントに移動した。写真は雪解けの水溜まりの上を移動滑走するI./JG1の"黒の3"。この隊の派手なマーキング――黒と白に塗り分けられたカウリングと、本土防空部隊の標識、胴体後部の赤の幅広いバンド――が見て取れる。

で、攻撃目標である爆撃機編隊に向かって真っ直ぐに進んでいく鈍重なシュトゥルムイェーガーは、護衛戦闘機にとって無防備同様な絶好の目標になるはずである。そのような状況の下では、強襲飛行中隊は背後に迫ってくる敵戦闘機から彼らを護るために、高い位置についた味方護衛戦闘機が必要だった。

態勢準備が進行中だった1943年11月17日、空軍最高司令官ヘルマン・ゲーリング国家元帥が戦闘機隊総監アードルフ・ガランド少将と多くの高級将校（高位エースであり、この時にはガランドの幕僚となっていたハンネス・トラウトロフト大佐とギュンター・リュッツォウ大佐も含まれていた）を従えて、視察のためにアハマーを訪れた。この章の冒頭に引用した宣誓書に第1強襲飛行隊のパイロットたちが署名したのは、この視察の時だった。任務遂行の堅い決意を改めて表明するために、この文書に署名するように求められたのである！

1944年1月の初めに、第1強襲飛行中隊は実戦出撃可能と確認された。部隊はルール地方のドルトムントの基地に移動した。この基地にはルードルフ=エーミール・シュノーア少佐が指揮するFW190装備のI./JG1（第1戦闘航空団；第1飛行隊）が配備されていて、強襲飛行中隊と協同行動するように計画されていた。間もなく、きたるべきことが次々に起こり始めた。

作戦行動開始
INTO ACTION, ALMOST

　1月5日、米軍の"重爆"250機が護衛のP-38ライトニングとP-51マスタングを伴って、キール軍港爆撃のために英国本土の基地から出撃した。I./JG1と第1強襲飛行中隊は迎撃のために緊急出撃したが、接敵したのは前

初めのうち、この中隊の強襲戦闘機——これは"目隠し"防弾ガラスのパネルを装着していない機だが——も胴体後部に赤いバンドを塗装していた。ドルトムント基地の格納庫も、アハマー基地と同様に、カムフラージュが十分に施されていた。

ドイツに向かって飛ぶB-17のボックス編隊。

者だけだった。シュノーアの飛行隊はいつもの通りの正面攻撃の戦術を取り、B-17 4機撃墜を報告し、3機喪失の損害を受けた。敵機を発見できなかった第1強襲飛行中隊のパイロットたちは、気持を抑えてドルトムントに帰還し、次の機会を待つことになった。その機会は6日後に訪れた。1944年1月11日、第8航空軍はもっと大きな兵力、四発重爆663機と600機以上の護衛戦闘機を、ハルバーシュタットなどドイツ中部の8カ所を目標として出撃させた。近づいてくる脅威の予知情報を得た管制指揮本部により、I./JG1と第1強襲飛行中隊は0900時（午前9時00分、時刻の表記は以下同様）の少し前、ドルトムントからオランダ国境に近いラインに移動するように命じられた。そこに到着して待機していたこの2つの部隊は、90分間後に緊急出撃を命じられた。この出撃では強襲飛行隊は、敵編隊を発見するまで、経験の高いI./JG1から離れずに飛んだ。接敵すると、I./JG1はいつも通りに前方攻撃に移り、B-17 3機撃墜の戦果をあげた。強襲中隊には過去数週間にわたる訓練通りに鏃の形の密集編隊を組み、四発重爆のボックス型編隊に後方から接近していった。

この攻撃からは望んでいた結果は生まれなかった。強襲戦闘機の編隊が大量の20mm機関砲を浴びせても、ボックス編隊*はバラバラにはならなかった。実際には、フォートレス1機が墜落していった。それを撃墜したオットマー・ツェハルト中尉本人でさえも、高い技量によるのではなく、運がよかっただけだと認めた——"私は目の前の四発重爆の編隊に向かって飛んでいった。それだけのことなのだ"。それにもかかわらず、この不運なボーイング（気の毒なことに、どこの隊の誰の機かも不明だった）は、ツェハルト中尉——元爆撃機のパイロットで、前年11月にこの中隊に移ってきた——と第1強襲飛行中隊の双方にとって初めての戦果となった。

*訳注：ひとつの爆撃グループは通常、3個飛行中隊（各6機）編制。こ

カメラに顔を向けた3人の中央はオットマー・ツェハルト中尉、その左側はエルヴィーン・バクシラ少佐、右側はハンス＝ゲオルク・エルザー少尉。元爆撃パイロット、ツェハルトは1943年11月に第1強襲飛行中隊に転属し、翌年1月11日に中隊の初戦果（B-17 1機）をあげ、組織改編によって移動した先、IV./JG3でB-24 2機を撃墜した。そして、7.（Sturm）/JG4飛行中隊長に転任し、そこで個人戦果を6機に伸ばしたが、9月27日の出撃から帰還せず、行方不明とされた。エルザーは1944年の早い時期に第1強襲飛行中隊に参加し、12月17日にアルデンヌ戦線のサン・ヴィト周辺の上空で行方不明になった。古参パイロット、バクシラは確認戦果34機、確認外戦果8機の戦績で大戦終結を迎え、1982年3月3日にウィーンで死去した。

武装と装甲板をすべて装備した第1強襲飛行中隊のFw190A-6の隊列。いずれの機も導入されたばかりの非常に特徴的な黒／白／黒の幅広のバンドを胴体後部に塗装している。

の3つの中隊がななめにずれた上・中・下段の位置についてひとつのボックス編成を構成する。

　しかし、この中隊が1時間後に二度目の戦闘を交えたことを示す証拠がいくつかあり、マンフレート・デルプ士官候補生（元JG26所属）とゲーアハルト・マルブルク軍曹がこの日、B-17を1機ずつ撃墜したと報告している。その上に、バクシラ少佐が第1強襲飛行中隊の最初の撃墜戦果をあげたと"公式の"確認をあたえられ、問題は一段と面倒になった。ベルリンの航空省が発行した1944年6月9日の日付のタイプで書かれた確認書類には、1944年1月30日（!）にバクシラによって撃墜された"フォートレスⅡ"（B-17のRAF呼称）は、この飛行中隊の"最初"の航空戦闘戦果であると明白に記されている。実際には、フォン＝コルナツキとバクシラはほとんど出撃することは

この中隊の強襲戦闘機の一部はカウリングに中隊の盾形紋章もつけていた。

出撃から帰還した後、乗機"白の7"の翼の上に立って微笑んでいるエルヴィーン・バクシラ少佐（画面左側）。第1強襲飛行中隊の作戦行動の初期、1944年1月の半ばにドルトムントで撮影。

なく、強襲飛行中隊の初期の出撃は通常、ヴェルナー・ゲルト少尉——以前、III./JG53の隊員としてイタリア戦線で戦っていた——が指揮に当たっていた。

1月11日の戦闘の実際の状況がどうであっても、またB-17が1機または3機撃墜されても、アメリカ人たちは幸せなことに、自分たちが常識外れの新戦術による攻撃を受けたことに気づかなかったと思われる。その後、2週間以上、悪天候が続いた。第8航空軍は主にフランス上空に限って行動し、強襲飛行中隊はもっと多くの時間を訓練——さらに必要なのは明らかだった——に当てた。JG1のフォッケウルフの目立ったマーク塗装——黒と白のバンドやチェッカー模様のカウリング——から思いついたのか、第1強襲飛行中隊は胴体後部に独特な黒・白・黒の幅広いバンドを塗装した。部隊のバッジも作られた。黒い鎧手袋をはめた拳が黄色の稲妻を握っている図柄が、白い雲を背景にして描かれていた。

1月29日のフランクフルト空襲を迎撃する試みは失敗に終わったが、I./JG1と強襲飛行中隊は24時間後に出撃命令を受け、この時はうまく接敵した。この日の目標はハノーヴ

ヘルマン・ヴァールフェルト伍長は1944年1月30日、B-24に体当たりして、強襲パイロットの信条を実際の行動によって示した。彼は大破したFw190から脱出することに成功し、無傷で落下傘降下した。

ァー爆撃のために進入した140機ほどのB-24であり、強襲中隊は編隊のひとつに追尾攻撃をかけ、リベレーター2機を撃墜した。ヴィリ・マキシモヴィツ伍長は乗機の機関砲で撃墜したが、ヘルマン・ヴァールフェルト伍長が狙ったB-24には機関砲弾の効果は現れなかった。

　目標は見る間に目の前に迫り、ヴァールフェルトは強襲中隊の規律をしっかり守って飛び続け、今や照準器から大きくはみ出した四発重爆に激突した。落下傘で無事に降下した彼がドルトムント基地に帰ってくると、機体に取りつけた装甲板の数よりも中隊のパイロットたちの士気を高める効果があった。2機のB-24は2人の下士官にとって初めての戦果であり、第8航空軍の損失記録と符合している。この日の作戦で第93、第445両爆撃グループがリベレーターを1機ずつ喪った。バクシラ少佐が強襲中隊の最初の"公式"撃墜戦果という奇妙な確認を与えられたのも、この日の戦闘である。しかし、バクシラが撃墜した機は"フォートレスⅡ"と判定されているので、彼はI./JG1のFw190の編隊の近くで行動していたものと思われる。I./JG1はこの日、ブラウンシュヴァイク(ハノーヴァーの東360km)を目標とした600機以上のB-17の大編隊と交戦したからである。

　1月30日には第1強襲飛行中隊で初めての戦死者が発生した。デルプ士

ルードルフ・パンヘルツー等飛行兵は新編されて間もない第1強襲飛行中隊に参加したが、1944年1月末に3./JG11に転属した。この隊で1機を撃墜した後、3月3日に同じ中隊の機との空中接触事故で死亡した。

東部戦闘飛行隊第7中隊の教員だったハインツ・フォン＝ノイエンシュタイン伍長は、1944年1月30日、ハノーヴァー東方での戦闘で戦死し、第1強襲飛行中隊の最初の戦死者のひとりとなった。

ヴォルフガング・コッセは1940年以来、前線で戦ってきた戦闘機パイロットだったが、1943年、1./JG5中隊長だった時、許可なしの飛行で事故が発生し、大尉から降格された。これは第1強襲飛行中隊に参加した頃のコッセ二等飛行兵の写真である。

雨に濡れたドルトムント基地のエプロンで、査閲を受けるために集合した第1強襲飛行中隊のパイロットたち。名前を確認できるのは前列左から右に向かってオットマー・ツェハルト中尉、ハンス＝ゲオルク・エルザー少尉、フリートリヒ・ダムマン少尉、不明の者2名、ゲーアハルト・マルブルク軍曹、クルト・レーリヒ伍長、ヴェルナー・パインマン伍長、ゲーアハルト・フィフルー一等飛行兵。

官候補生とハインツ・フォン＝ノイマン伍長（元操縦教員）がハノーヴァー東方の戦闘で戦死したのである。その外に2名のパイロットが負傷して落下傘降下した。彼らの4機喪失の外に、4機が大損傷のために廃棄処分され、6機が中程度以下の損傷を受けた。3機撃墜の戦果はあったが、その代償は大きかった。

　これらの機材の損失は次の出撃まで補充されなかった。このため、2月10日に第1強襲飛行中隊から出撃したのは6機に過ぎず、フォン＝コルナツキが意図した"決定的な大打撃"を敵にあたえる可能性は皆無だった。この日も強襲中隊はI./JG1と共にまずラインに移動して待機した後、ブラウンシュヴァイク爆撃に向かう140機あまりのB-17の編隊を迎撃した。この日の中隊の戦果は、ハインツ・シュテファン上級士官候補生がラインの近くで撃墜したB-17　1機のみだった。

　それから24時間後、シュテファンは彼の2機目の戦果となるB-17を撃墜した。2月11日は初めての強襲中隊だけでの迎撃戦であり、フランクフルトを目標とした160機近くのB-17の編隊と交戦し、もう1機をヴォルフガング・コッセ二等飛行兵が撃墜した。二等飛行兵はドイツ空軍で最下位の階級であり、この階級のパイロットは、もっと高い階級から降格された者に限られていた。そして、ヴォルフガング・コッセもその例だった。

　コッセは1940年5～6月の西部戦線進攻作戦の際、少尉であり、JG26に所属して戦い、4機撃墜の戦果をあげた。英国本土上空航空戦では5./JG26の飛行中隊長として戦い、ハリケーン2機を戦果に加え、それに続く1941～42年の英国海峡を挟んでのRAFとの小競り合いでは、戦果を更に5機伸ばした。射撃専門コースを修了し、中尉に進級した彼は、ノルウェーに配備さ

第1強襲飛行中隊の作戦行動はすでに注目を集め始めていた。これは1944年3月に撮影されたニュース映画のひとコマである。ゲーアハルト・マルブルク伍長（左）とクルト・レーリヒ伍長（右）が地上要員のひとり（中央）と何か話し込んでいる。

れているJG5に移動した。JG5では第1飛行中隊長として戦い、5機撃墜を重ねて大尉に昇進した。その後に何かが起きたのである。

　彼は許可なしの飛行によって機材を破損したのだと戦後に噂されたが、この事件は部隊史に"権限の乱用"と単純に記述されているだけである。1943年11月30日付でコッセは二等飛行兵に降格され、懲役9カ月の判決を受けた。間もなく懲役は執行猶予中の前線部隊勤務に減刑された。彼は名誉回復の途として強襲飛行中隊を志願したと思われ、彼の18機目の戦果――2月11日に撃墜したB-17――は、その長い道程の第一歩だったのである。

　第1強襲飛行中隊が次に米軍の"四発重爆"と戦ったのは、10日後の2月21日だった。この日は第8航空軍の"ビッグ・ウィーク"*攻勢作戦の2日目であり、爆撃機860機と護衛戦闘機80機が出撃し、十数カ所の飛行場など

下左●第1強襲飛行中隊の初期の志願パイロットのひとり、エーリヒ・ランベルトゥス伍長。1944年1月19日に入隊した。彼は2月21日、Fw190A-7"白の3"に乗って出撃し、リューベック上空の戦闘で戦死した。

下右●ヴァルター・ケスト伍長も1944年2月21日に戦死した。彼が襲ったB-17編隊の1機の防御射撃が命中し、撃墜された。

Fw190A-7は技術とメカニズムの両面でA-6よりいちだんと改良されていた。武装の面では主翼の20mm機関砲4門はA-6と同じだが、機首の2挺の武装がA-6の7.9mm MG17から13mmのMG151に強化された。

ドイツ北西部の多数の目標を爆撃した。

 *訳注："ビッグ・ウィーク"はドイツ空軍の戦力弱体化を目的とした爆撃攻勢作戦。1944年2月20日〜25日に在英国の第8航空軍から延べ3,300機、在イタリアの第15航空軍から500機以上の重爆が出撃し、ドイツの航空機製造工場を主な目標として爆弾1万トン近くを投下した。

 第1強襲飛行中隊はこの日も単独で出撃し、ゲーアハルト・マルブルク軍曹とクルト・レーリヒ伍長がB-17を各1機撃墜した。前者は"撃破" 1機についても確認を与えられた。この用語は文字通り"叩き出す"(ヘアアウスシュッス)という意味を持ち、重爆撃機に損傷を与え、戦闘ボックス編隊の強力な防御陣から脱落させ、単機で飛ぶ落伍機にすることを指していた。落伍機は周辺を飛ぶ戦闘機に楽々と撃墜されることになるので、"撃破"は"撃墜"に次ぐ戦績と認められた。

 この戦果の代償として強襲飛行中隊はパイロット2名を喪った。エーリヒ・ランベルトゥス伍長(前月にJG26から転属してきたばかりだった)とヴァルター・ケスト伍長は、中隊に配備されたばかりの新型機、Fw190A-7に乗って出撃し、バルト海沿岸のリューベック附近で撃墜された。

第1強襲飛行中隊はIV./JG3と並んでザルツヴェデル基地を使用していた。この画面の左端に、遠い位置に置かれた後者のBf109が1機写っている。

このフォッケウルフ社の新型機は、胴体の2挺の機銃が7.9mm MG17から打撃力の高い13mm MG131に変更された点が、以前のA-6との相違である。しかし、この武装強化も強襲飛行中隊では実際の効果はなかった。胴体の機銃は重量軽減のために取り外されるのが通常だったからである。

2月22日、第8航空軍は目標を飛行場から航空機工場に転じた。しかし、悪天候が欧州北西部に拡がったため、800機ほどの重爆の部隊の多くは途中で作戦を中止したり、引き返しを命じられたりした。それにもかかわらず、B-17 38機が戦闘で喪われ、そのうちの1機は強襲中隊の空中指揮官(シュタッフェルフューラー)、ヴェルナー・ゲルト少尉が機関砲で撃墜した戦果だった。

その4日後、短い期間だった第1強襲飛行中隊とI./JG1との協同作戦行動は終わった。中隊の可動状態の10機はザルツヴェーデル——ハンブルクとベルリンのほぼ中間の地点——への移動を命じられたのである。同じく2月26日、Bf109G-6を装備したIV./JG3"ウーデット"(第3戦闘航空団第IV飛行隊)も、オランダのヴェンロからザルツヴェーデル飛行場に移動してきて、新たな飛行隊長、フリートリヒ=カール・ミューラー少佐がこの日に着任した。IV./JG3は1943年後半、シチリア島とイタリアで戦った後、最近になって本土防空任務に編入された。この新しい基地への移動はIV./JG3と第1強襲飛行中隊双方の運命に変化をもたらすことになった。

第8航空軍は1944年3月3日、初めてベルリン攻撃を試みたが、天候に妨げられて成功しなかった。その翌日もそれに近い天候だったが、わずかな幸運に恵まれ、1個戦闘ウイング(コンバット)のB-17 30機だけがベルリン周辺に進入することができた。米軍の中で初めてベルリンに投弾したこの小規模の編隊は、5機を撃墜された。そのうちの1機はIV./JG3の戦果であり、2機は強襲飛行中隊の戦果とされた。

強襲中隊は1230時に緊急出撃し、それから約1時間索敵行動を続けた後、首都の北西60kmのノイルッピンの上空で爆撃機編隊を発見した。後方から接近し、最後尾の数機まで数メートルの距離に入ってから攻撃し、数秒の間隔で2機のB-17を撃墜した。1機はゲーアハルト・フィフルー伍長の初戦果であり、もう1機はヘルマン・ヴァールフェルト伍長の2機目の戦果——初

IV./JG3飛行隊長、フリートリヒ=カール・ミューラー少佐。柏葉飾り付き騎士十字章を襟許に輝かせている。彼はI./JG53の飛行中隊長として東部戦線で戦い、100機撃墜を達成してこれを授与された。

3月4日のベルリン防空任務に出撃する直前に、カメラの前に立った第1強襲飛行中隊の4名のパイロット。左から右へ、ゲーアハルト・フィフルー伍長、ヘルマン・ヴァールフェルト伍長、エルヴィーン・バクシラ少佐（皆が欲しがるUSAAFの飛行ジャンパーを着込んでいる）、ヴェルナー・パイネマン軍曹。フィフルーはB-17を1機撃墜し、ヴァールフェルトは2機を撃墜したが、パイネマンは撃墜されて負傷した。

戦果とは違って、この時は奥の手である体当たりは使わなかった！──である。強襲中隊の損害は、ヴェルナー・パイネマン軍曹がノイルッピンとザルツヴェデルの間で撃墜されて負傷しただけだった。

ベルリン防空戦で活躍
SUCCESS IN DEFENCE OF BERLIN

それから2日後、"ビッグB"──ベルリンを意味するこの通称は米軍の爆撃機乗員の間で、すぐに広まった──に対する三度目の爆撃が行われ、まったく異なった状況の戦いが展開された。1944年3月6日の第8航空軍の作戦番号250の出撃機はB-17とB-24 730機と護衛戦闘機800機だった。この日は、厚い雲も第三帝国の首都の護りの役には立たなかった。しかしドイツ空軍は、警報がもっと早い時刻に何度か出されては取り消されたので、十分に時間をかけて防空体勢を整えていた。戦闘飛行隊が18個、駆逐飛行隊3個、夜間戦闘飛行隊4個、その他のさまざまな小部隊多数が、接近してくる米軍の大編隊を待ちかまえていた。

敵味方合計2,000機ほどが乱れ飛ぶことになるこの戦闘空域に、第1強襲飛行中隊から出撃したのはFw190 7機にすぎなかった。彼らの戦力はきわめて小さく見えるが、7機の強襲戦闘機はこの日、B-17 7機撃墜の確認戦果をあげたのである。もちろん、この中隊のこれまでの最大の戦果であり、作戦番号250での爆撃機損失の10パーセント（！）に当たる高い戦果だった。

7機のフォッケウルフは1130時頃、IV./JG3のBf109の群れと共に、ザルツヴェデルから緊急出撃した。彼らは着実に上昇しながら、南東方100kmのマグデブルク地区に向かった。この地区の上空、高度7,900mで他の戦闘

格納庫の前のランプに並べられた第1強襲飛行中隊の15機ほどのFw190(大半はA-7)。ザルツヴェデル飛行場で1944年3月初めに撮影された。多くの機は増槽タンクを胴体下面に装着し、いずれも胴体後部にこの中隊の黒／白／黒の識別バンドをつけている。

機部隊と合流することになっていた。すべては計画通りに進み、間もなく米軍の重爆の強力な隊列の先頭が視界に入った。敵はブラウンシュヴァイクに向かっていた。

このように圧倒的に強大な敵の兵力に直面して、第1強襲飛行中隊の7機のFw190は、フォン＝コルナツキが創案した本来の任務——"最初の一航過の攻撃で敵の防御態勢に突破口を開き、敵の編隊を混乱に陥れる"——に当たることはできなかった。それに代わって、機関砲とロケット弾の重武装を持つ双発のメッサーシュミットが先頭に立ち、単座戦闘機がそれに続いた。その後に強襲戦闘機に攻撃の機会が廻ってきた。

最初の一航過の攻撃でB-17 3機を倒した。いずれも時刻は1235時と報告されている。ゲーアハルト・ドスト少尉とクルト・レーリヒ伍長が各1機撃墜、ヴィリ・マキシモヴィツが1機を"撃破"した。それからオットマー・ツェーハルト中尉とヘルマン・ヴァールフェルト伍長が1機ずつの撃墜を報告し、最後の2機撃墜はヴェルナー・ゲルト少尉の戦果として確認があたえられた。最後の機の撃墜は1408時だった。

典型的な撃破(ヘアアウスシュッス)の場面。第1爆撃師団のB-17が右舷外側のエンジンから火焔を曳き、編隊から脱落していく。

強襲中隊の唯一の戦死者はゲーアハルト・ドストだった。彼は最初の攻撃で1機撃墜を報告し、その後、最後に目撃された時、彼は落伍したB-17の後方に迫っていた。戦果を2機に伸ばそうとしていた彼は、爆撃機の救援のために降下してきた2機のP-51に気づくのが遅すぎた。彼は追ってくる敵の2機に機首を向けようとしたが、鈍重な強襲戦闘機(この時になってやっと、彼は外装タン

ゲーアハルト・ドスト少尉は3月6日に彼の初戦果、B-17 1機を撃墜したが、すぐに護衛のP-51に襲われた。旋回戦で敵の内側に廻り込もうとした時、重量の高いシュトゥルムイェーガーが失速に陥り、彼は戦死した。

ザルツヴェデル基地の格納庫の前、水溜まりが多いランプに駐められている"白の1"と"白の2"。次の出撃の準備が進められている。"白の1"は飛行中隊長に割り当てられている機なのだが……

クを投棄した）は2機のマスタングに敵わなかった。敵の2機はドストの機の周囲を旋回し、彼の機が急旋回によって高度を失っていくように仕向けた。高度1,500mでドストの機はP-51の内側に廻り込もうと試み、失速に陥って、ザルツヴェデルからあまり遠くない地点に墜落した。2人の米軍のパイロットは機体を強く傾け、時速645kmで激しく旋回してドストの"白の20"を追い詰める間、1発も機銃を発射しなかった。

　この日の戦闘で、マグデブルクの北の地域に撃墜された91BG（第91爆撃グループ）のフォートレスの乗員は、その時の状況を次のように語っている。彼の機は後方から3機のＦｗ190の攻撃を受けた。そのうちの1機が少し高度を下げた後、すぐに上昇し、B-17の尾部に激突して左側の水平尾翼を叩き落とした。ドイツ空軍の撃墜記録では、意図的な体当たりによる撃墜であっても、そのことが記述されることはない。しかし、このB-17撃墜が第1強襲飛行中隊の機によるものであることは、ほぼ確実である。この機のパイロットの名を特定する手がかりは、爆撃機の墜落の時刻――"ほぼ1250時"と記録されている――のみである。この時刻はオットー・ツェハールトが報告した撃墜時刻、1255時と結びつく可能性が高い。

　1944年3月6日には、IV./JG3のパイロットたちもこれまでで最高の戦果をあげた。13機撃墜に対し、自隊の損害は皆無だった。その2日後、第8航空軍が再びベルリンを爆撃した時、IV./JG3は12機撃墜の高い戦果をあげた。この日にはパイロットの戦死1名、負傷名の損害を受けたが。3月8日の強襲飛行中隊の唯一の戦果は、リヒャルト・フランツ少尉が撃墜したB-17 1機だった（少尉は以前にJG77に所属してイタリア戦線で戦っていた時に、B-17を1機撃墜しており、それに続く2機目だった）。

　3月9日にも第8航空軍はベルリン爆撃を目指したが、激しい天候がほ

……フォン＝コルナツキ少佐は通常、"白の20"——ここに早春の暖かい陽差しを浴びている姿が写っている——に乗っていた。画面の左の隅、背景にゴータGo242らしい輸送グライダーが見える。

ぼ全面的に首都とその周辺を護ってくれた。しかし、強襲飛行中隊も天候に阻まれて出撃できなかった。その後、2週間にわたって悪天候が続き、強襲戦闘機（シュトゥルムイェーガー）の次の作戦行動は3月23日になった。天候は良好とはいえない状態だったが、第1強襲飛行中隊はこの日もIV./JG3と共に出撃した。目標はドイツ北西部の数カ所に向かう700機あまりの米軍の重爆編隊だった。1時間ほどの索敵行動の後、ルール河の北方で爆撃機の編隊のひとつを発見し、10分間の戦闘で6機の戦果（撃墜3機、撃破3機（ヘアアウスシュッセ））をあげた。

戦果をあげた者のうち、4名——カッセ、マキシモヴィツ、レーリヒ、フィフルーはすでに強襲中隊での戦果をあげていたが、撃破戦果をあげた2

Fw190のコクピットに座ったまま、最前のP-51B 1機との激しい戦闘を思い出しているヘルマン・ヴァールフェルト伍長。彼の機の右側の"目隠し"防弾ガラスパネルには12.7mm機関銃の命中による激しいひびが拡がっている。この日の彼は幸運に救われたが、1944年3月23日にはそれに見放され、リップシュタット周辺で撃墜されて戦死した。それまでの個人戦果は3機だった。

Fw190A-6 "白の2" のコクピットのあたりで、カメラに向かってポーズを取るヴィリ・マキシモヴィッツ伍長（左）とゲーアハルト・フィフルーニ等飛行兵。1944年の初めにドルトムントで撮影。カウリングに描かれた第1強襲飛行中隊の紋章、キャノピーに装着された"目隠し"防弾ガラスパネルに注目されたい。

名にとってはこの中隊での戦いの初戦果だった。そのひとりはフリートリヒ・ダムマン、もうひとりはハンス＝ギュンター・フォン＝コルナツキ少佐である。少佐は彼にとってきわめて数少ない例であるこの日の実戦出撃で、大戦中の合計戦果を5機に伸ばした。

　しかし、強襲飛行中隊の側にも損失があった。中隊で最初の体当たり戦果をあげたヘルマン・ヴァーフェルト伍長が、リップシュタット近くで撃墜されて戦死し、オットー・ヴァイセンベルガー軍曹もボッホルトの西方で同様に戦死した。軍曹は初期の志願者のひとりであり、強襲飛行中隊での戦果はなかったが、以前はJG5に所属して北欧で戦っていた。JG5で共に戦っていた彼の兄、テオドールは、この時にはすでに148機撃墜の高位エースで

この写真も"目隠し"防弾ガラスパネルが戦闘で役に立つことを示している。ヴィリ・マキシモヴィッツ伍長の"白の10"は、胴体とコクピットに少なくとも2発の12.7mm機銃弾を受けている。

この中隊の最初の対戦闘機戦果は、1944年4月11日に撃墜したP-47Dサンダーボルトである。写真は第9航空軍第362戦闘機グループ（362FG）のP-47。この日、9個グループから450機以上のP-47が出撃し、7機が行方不明となったが、そのうちの1機は362FGの機である。

あり、騎士十字章柏葉飾りを授与されていた。この外に、ヴィリ・マキシモヴィツ伍長がヴッペルタルの上空で落下傘降下して負傷した。

　ここで再び天候が悪化し、作戦行動なしの日が半月以上も続き、4月8日になってやっと強襲飛行中隊は戦闘出撃を再開した。第8航空軍はいまだにドイツ北西部の空軍の飛行場と施設を爆撃目標としており、第1強襲飛行中隊はこの日もIV./JG3と共に、進入してくる米軍編隊の迎撃に参加した。中隊はブラウンシュヴァイクの西方でB-24の編隊と交戦し、高経験のパイロット4名がリベレーター3機と編隊からはぐれたB-17 1機を撃墜し、個人戦果を1機ずつ伸ばした。しかし、不運な者も3名あった。まだ戦果なしのカール・ローデ伍長とヴァルター・ククック伍長と、16日前にB-17を1機撃墜する戦果を記録したフリートリヒ・ダムマン少尉が、ブラウンシュヴァイクの北方に墜落して戦死した。

　その翌日の中隊で唯一の戦果は、ヴォルフガング・コッセ二等飛行兵が撃墜したB-24 1機だった。彼はこの中隊ですでにB-17 2機の戦果を重ねており、名誉回復の途を着実に進んでいた。そして、4月11日に中隊は以前のような多数機撃墜にもどった。この中隊としては初めての米軍戦闘機撃墜も含めて、この日の戦果は9機に達した。

　この日も第8航空軍の目標は飛行場と航空機工場だった。第1強襲飛行中隊は1000時をわずかに過ぎた頃にザルツヴェデルを離陸し（いつものようにIV./JG3と共に）、地上からの誘導を受けて、ヒルデスハイム地区の上空で50機ほどのB-24の編隊に接近した。そして、1115時の最初の追尾攻撃でリベレーター5機を倒した。メッツ、ミューラー、レーリヒ（撃破）、マルブルク、ゲルトの5人が各1機である。マルブルクとゲルトは数分後の二度目の攻撃でも各1機撃墜を報告した。クルト・レーリヒ伍長はP-47サンダー

オーストリア出身のクルト・レーリヒ伍長は4月11日、P-47D 1機を撃墜し、これが第1強襲飛行中隊の最初の対戦闘機戦果となった。彼は12機撃墜の戦果をあげた後、7月19日に戦死した。

元JG5のパイロット、ルードルフ・メッツ少尉は、4月11日に戦果をあげた第1強襲飛行中隊のメンバーのひとりである。この日、同中隊はヒルデスハイム上空で60秒のうちにB-24 5機の戦果（そのうちの1機は撃破）をあげた。メッツは5月9日から6月30日まで11./JG3で戦った後、3番目の強襲飛行隊となったII. (Sturm)/JG4に移動した。6.（Sturm）／ＪＧ4に所属して個人戦果を10機に伸ばした後、1944年10月6日に戦死した。

ボルト1機も撃墜し、これは強襲中隊の初めての戦闘機撃墜戦果となった。

　中隊はザルツヴェデル基地で給油と給弾を受け、午後の早い時刻に再び出撃して、ゲーアハルト・フィフルー伍長がB-17 1機を撃墜した。この日の合計戦果は9機であり、自隊の損害は皆無であって、第1強襲飛行中隊創設以来最高の成績となった。これはIV./JG3も同様であり、敵機撃墜25機（B-17 24機とP-38 1機）の戦果に対して、自隊の損害は1名戦死、1名負傷に留まった。

　4月13日にも損害皆無で戦果はB-17 5機という好成績をあげたが、2日前の最高戦績に比べれば、あまり印象は強くなかった。しかし、シュヴァインフルトの西方で約150機のB-17の編隊を攻撃し、1分間のうちに5機を次々と着実に撃墜、撃破した戦いぶりは、強襲飛行中隊の戦術の効果を明白に示していた。3機は古参パイロット3名の戦果――ゲーアハルト・フィフルー、ジークフリート・ミューラー、ヴェルナー・ゲルトの各々4機目、5機目、6機目の撃墜戦果――だった。撃破（ヘアアウスシュッセ）だった2機はカール＝ハインツ・シュミット伍長とハインリヒ・フィンク伍長各々の初戦果だった。

　その翌日、不運なフィンク伍長はシュトゥットガルト地区で撃墜され（状況は不明）、第1強襲飛行中隊の11人目、そして最後の戦闘による死亡者となった。

武器整備員が第1強襲飛行中隊のFw190A-7の主翼20mm MG151/20の弾薬搭載作業を急いでいる。1944年4月初めのザルツヴェデル基地。この機のスピナーとカウリングはエンジンオイルと銃砲の発射煙で汚れている。

強襲飛行隊、正式に発足
OFFICIAL RECOGNITION

　第1強襲飛行中隊の6カ月の試験運用期間の終わりは急速に近づいてきた。この中隊の戦績、殊に最近の戦績は、明らかに空軍の上層部によい印象をあたえていた。その結果、4月15日に戦闘機隊総監アードルフ・ガランド少将がザルツヴェデルに出張してきた。その目的はフォン=コルナツキと中隊のパイロットたちを激励するだけではなく、もっと重要な件を伝達することだった。それはIV./JG3が選ばれて、ドイツ空軍の最初の正式な強襲飛行隊(シュトゥルムグルッペ)になる（!）ことの伝達だった。

　総監の計画の具体的な内容は、IV./JG3の装備を現用のBf109G-6からFw190A強襲戦闘機(シュトゥルムイェーガー)——敗戦までこの部隊はこの型を使用した——に転換し、第1強襲飛行中隊を新たな11.(Sturm)/JG3としてIV.(Sturm)/JG3に編入することだった。しかし、命令が詳細に作成され、発効するまでの2週間は、第1強襲飛行中隊はそれまでの組織と呼称の下で戦うものとされた。

　4月18日、第8航空軍は再び大ベルリン地区の航空機産業目標を目指して出撃した。この時期、悪天候はベルリン地区爆撃作戦の恒常的な条件のように思われたが、この日はこれが防御側にとって不利に働いたようだった。IV./JG3と強襲飛行中隊はザルツヴェデルから無事に出撃したが、計画通りに他の部隊と会同できなかった。第1強襲飛行中隊は最初に護衛戦闘機を伴うB-17の編隊を発見し、ベルリンの西方60kmほどの空域で交戦した。クルト・レーリヒとヴォルフガング・コッセ——後者は一等飛行兵(ゲフライター)の階級に昇進していた——はB-17各1機を撃墜し、ゲーアハルト・マルブルクは20分ほど後の別の戦闘でP-51を1機撃墜した。

4月24日、第1強襲飛行中隊はミュンヘン地区でB-17、少なくとも7機の撃破(ヘアアウスシュッセ)戦果をあげた。アルプスを背景に胴体着陸している姿を写された第384BGの"ブービー・トラップ"はこの日、編隊から脱落した7機のうちの1機なのかもしれない。

4月29日、第1強襲飛行中隊は最高の戦いぶりを示し、これは正に白鳥の最後の歌となった。この日、第8航空軍の巨大な編隊群、600機以上の爆撃機と800機以上の護衛戦闘機がベルリン爆撃に向かった。

IV./JG3と第1強襲飛行中隊は並んでザルツヴェデルを離陸した。別個の部隊としての両者が並んで出撃するのはこれが最後だった。Bf109は会同地点で他の戦闘飛行隊(ヤークトグルッペン)と合流し、敵の強力な部隊が飛行中と報じられていたマグデブルク地区に向かった。IV./JG3はいつも通りの正面攻撃戦術によってこの空域の敵編隊を攻撃し、B-17 9機とB-24 5機の戦果をあげた(フォートレスのうちの4機とリベレーター5機全部は撃破(ヘアアウスシュッセ)だった)。

一方、強襲飛行隊はブラウンシュヴァイクの北東でB-17の編隊を発見した。頑丈な装甲を持つ強襲戦闘機(シュトゥルムイェーガー)の鏃型編隊は後方から敵編隊に肉薄した。そこで展開された5分か6分ほどの戦いは、第1強襲飛行中隊の短い歴史の最高の頂点であり、フォン=コルナツキ少佐が創案した近接攻撃戦術の実効果がここで最大限に発揮された。

13機のフォートレスが叩きのめされたのである。予想通り、多くの戦果をあげたのは高い経験のパイロットたち——いまや強襲戦術の"古参の野兎(アルテン・ハーゼ)"になっていた——だった。ヴェルナー・ゲルトとクルト・レーリヒ(2機を撃墜した)各々、強襲中隊参加以来の戦果を8機に伸ばし、ヴォルフガング・コッセも撃破(ヘアアウスシュッセ)2機の戦果をあげた。ヘルムート・コイネ伍長とオスカー・ベッシュ伍長は撃破各1機の初戦果を記録した。

作戦行動開始から6カ月の間、少ない人数ではあったが、志願して新たに強襲中隊の戦列に加わる者が着実に続いた。その中で最後に隊員になったのはオスカー・ベッシュだった。彼は著者に次のように語ってくれた。

"私の旅行命令書にはJG3に出頭せよと指示されていたが、それよりも私は

オスカー・ベッシュ伍長の初戦果は1944年4月29日、ブラウンシュヴァイクの北東でのB-17 1機撃破だった……

……そして、この写真で彼（右側）は乗機、Fw190A-7の主翼の上で、整備員と並んでポーズを取っている。この機の機首上部のMG131 2挺は取り外されているが、銃口前方の溝（カウリングの上面）はまだカバーされずに残っている。

第1強襲飛行中隊入りを志願した。数日後、私はザルツヴェデルに到着した。私はそれまでFw190に乗ったことがなかったので、まず手短な入門教育を受け、それから4回の離陸実習を命じられ、場周飛行も何度かやってみた。
"その次の日、1944年4月29日、私は初めての作戦任務のために離陸した。我々は爆撃機の後方、数メートルの距離に接近するまで射撃を始めなかった。この出撃で我々の中隊は四発重爆を22機（彼の発言のまま）撃墜し、1機は私の戦果と確認された。私は燃料が乏しくなったのでベルンブルクに緊急着陸し、私のFw190A-7は滑走中にとんぼ返りしてしまい、背面姿勢になって停止し、私は負傷した"
　オスカー・ベッシュが回復して基地に戻

ってきた時、結局、彼は旅行命令書通りにJG3の隊員となっていた。OKL（空軍最高司令部）から1944年4月29日付けで、"強襲飛行隊の新設について"という標題の極秘指令が発信されていたためである。

1. 即時発効
   (a) Ⅳ./JG3を強襲飛行隊に転換し、名称をⅣ.(Sturm)/JG3（第3戦闘航空団第Ⅳ（強襲）飛行隊）と変更する。
   (b) 第1強襲飛行中隊は廃止する。

この文書には組織管理上の詳細が記述されていた。その主な点は、廃止される第1強襲飛行中隊隊員は新たなⅣ.(Sturm)/JG3に編入されること（隊員の大半によって第11飛行中隊が新編された）。この飛行隊の装備はFw190強襲戦闘機に切り換えられること、これまで装備していたBf109はJG3の中で他の飛行隊の定数不足分に当てることなどである。

志願者だけで編成された第1強襲飛行中隊の先駆的な、冒険者同様の戦闘行動の日々はこれで終わった。フォン＝コルナツキの理論は実証され、空軍上層部はそれを受け容れた。強襲戦闘機隊の兵力は3倍になり、空軍の正規の部隊組織の一部となった。この変化を歓迎しない者もあった。

第1強襲飛行中隊のパイロット15名が腕を組んで並んでいる。1944年4月29日にザルツヴェデルで撮影された記念スナップショット。左から右に向かってツェハルト中尉、エルザー少尉、ミューラー少尉、メッツ少尉、フォン＝コルナツキ少佐、ゲルト少尉、レーリヒ軍曹、フランツ少尉、コッセ軍曹、マルブルク曹長、パイネマン軍曹、マキシモヴィッツ伍長、グロテン軍曹、ベッシュ伍長、コイネ伍長。これらのパイロットたちの中で大戦終結まで生き残っていたのは3名のみである。

chapter 2
IV.(Sturm)/JG3 ── 不安定なスタート
IV.(Sturm)/JG3 — A SHAKY START

　IV./JG3では新任の飛行隊長が最前線に立つ強襲部隊への転換を指揮することになった。2週間前に着任したヴィルヘルム・モリッツ大尉は30歳、ハンブルクのアルトナ地区の出身であり、大戦初期の数カ月は戦闘機教官の職務に就いていた。その後、本土西部のJG1と東部戦線のJG21で飛行中隊を指揮したのが、JG3着任前の経歴である。

　モリッツは部隊の任務が突然変えられたことについて、部下のパイロットたちの気持を察知していた。全面的には喜べない気持の者が少なくなかった。彼らは機関砲装備のBf109によって米軍の四発重爆に正面攻撃をかけ、十分な効果をあげているのに、なぜ、それを続けてはいけないのかという声があがった。ドイツ空軍の最初の専門の強襲飛行隊になる"名誉"は、これまでFw190で戦ってきた隊にあたえたほうが遙かによいと彼らは主張した。

　強襲任務パイロットの宣誓書に署名することになるのかと懸念する者もあった。強襲任務を志願したのではないのに、撃墜戦果なしで帰還した時には、"敵前での怯懦な振る舞い"として軍法会議にかけられる可能性が生じるから

ヴィルヘルム・モリッツ大尉はIV./JG3がドイツ空軍で最初の強襲飛行隊に転換する直前に飛行隊長となり、1944年の末ちかくまでこの飛行隊の先頭に立って戦った。3人の中央、革の飛行ジャケットを着ているのがモリッツ大尉であり、右側のホルスト・ハーゼ中尉（2./JG51飛行中隊長。カメラに背中を向けている）と語り合っている。彼の着任後のある日に撮影された。

である。彼らは強襲飛行中隊のメンバーにアドバイスを求めた。
　"実際に何人かのパイロットが敵の爆撃機に体当たりしたのか?"、"戦果なしで帰還したパイロットには、どのような処置が取られたのか?"。彼らのこの質問に対する答えは、"ごく少ない"と"まったく何の処置もなかった"だった。結局、IV./JG3のパイロットの大半は宣誓書に署名したが、署名を拒否した者に対しても何らかの処置が取られることはなかった。
　モリッツ大尉はこの問題について彼自身の考えを持っていた。
　"国防軍（ヴェーアマハト）（ドイツの陸海空3軍の全体の呼称）に入隊する時には誰もが忠誠を誓い、国家のために彼の生命を捧げることを宣誓する。その上につけ加える宣誓は不要であり、余分なのだ"
　モリッツは彼自身の判断によって、署名済みの宣誓書を焼却したといわれている。これで問題は落着した。
　きわめてプロフェッショナルな軍人であり、パイロットでもあるモリッツは、フォン＝コルナツキ少佐とバグジラ少佐にあまり印象づけられることはなか

この時期、IV./JG3には頭角を現し始めたスターが2人いた。そのひとりはヴァルター・ハゲナー軍曹であり、モリッツ大尉が着任した日にB-17を2機撃墜して、個人戦果を10機に伸ばし、その後、JG7のMe262のパイロットとして大戦終結を迎えた……

……もうひとりはこの写真の人物、ヴァルター・ローズ伍長である。1945年4月に個人戦果、確認撃墜38機──そのうちの22機は四発重爆──の戦功に対して騎士十字章を授与され、それを襟許に飾っている。

このテスト用機の写真はFw190A-8/R2の最終的な武装を示している。左右の主翼の胴体近くの位置には20mm MG151/20機関砲、脚より外側の位置には30mm MK108機関砲が装備されている（主翼の前縁、両機関銃の間の位置にある円盤形の突起はガンカメラの開口部である）。砲身の短いMK108の砲弾は初速は低いが、破壊力は強烈だった。

った。前者は当然、"強襲戦闘のアイディアの父"として知られていたが、モリッツの目から見ると、部下に対して指揮官というよりはむしろ父親のような人物だった。彼も、オーストリア生まれで気のよいエルヴィーン・バグジラも、皆に好かれてはいたが、部隊をしっかり掌握してはいなかった。

　第1強襲飛行中隊をIV./JG3に編入する作業の詳細を検討するために、明らかに居心地がよくない会議が開かれた。（モリッツ飛行隊長はフォン=コルナツキ飛行中隊長の少佐の階級に敬意を払い、後者の中隊本部に出向いて会議を開いた）。その席で明らかになったのは、フォン=コルナツキが名目だけの中隊長であって、彼の中隊の6カ月にわたる四発重爆迎撃戦の間に9回しか出撃していなかったことと、彼は動脈の問題のために当面、出撃できるようになる見込みが立たないことだった。バグジラ少佐も親指骨折のために出撃不能の状態だった。

　モリッツ大尉はこの困った状況を戦闘機隊総監に報告した。この2人の少佐——いずれも戦闘機パイロットとして理想的な年齢を越えていた——は、もっと身体に楽な職への移動を命じられた。そして、第1強襲飛行中隊の空中指揮官として数多く出撃していたヴェルナー・ゲルト少尉が、5月8日に11.(Sturm)/JG3（第3戦闘航空団第11（強襲）飛行中隊）の飛行中隊長に任命された。

　第IV飛行隊は5月の間、フォッケウルフへの装備転換を進めたが、こちらの方はあまり面倒はなかった。第1強襲飛行中隊はJG3に編入される2週間ほど前から、Fw190A-8の最初の数機を受領し始めていた。A-8は燃料搭載量の増大など主に機体内の改造が加えられた型なので、A-7との外観の相違はほとんどなかった。IV.(Sturm)/JG3はその後、A-8、殊にFw190A-8/R2を標準装備とすることになった。R2サブタイプは主翼装備の20mm MG151/20機関砲4門のうち、外側の2門が30mm MK108に換装されてい

この広く知られている写真については、これまでさまざまなキャプションが書かれている。このB-24の胴体が2つに折れたのは高射砲弾の命中によるともいわれている。MK108は四発重爆にこれだけの損害をあたえる打撃力を十分に持っていた。

た。非公式に"シュトゥルムボック"(攻城槌)と呼ばれたFw190A-8/R2は、対四発重爆戦闘で最も強力なドイツのピストンエンジン戦闘機となった。

MK108自体による重量増の上に、その弾倉の装甲の重量が加わったため(R2の装甲の重量は標準型のA-8の装甲より200kg高かった)、シュトゥルムボックの運動性は一段と低下し、格闘戦に巻き込まれるとパイロットは苦戦を強いられた。このため、その後の作戦行動では、効果的に護衛戦闘機と協同行動することがいっそう重要になった。

強襲飛行隊(シュトゥルムグルッペ)として初めての出撃は5月4日だった。最近、何回もあった例と同様に、ベルリンを始め、第8航空軍が目標と計画した数ヵ所の都市の市民は、この日も厚く拡がった雲に護られた。第Ⅳ飛行隊はマグデブルクの北西方で爆撃機のひとつの編隊と短時間交戦し、第10飛行中隊のBf109のパイロットのひとりが部隊で唯一の戦果——B-17 1機を撃破(ヘアアウスシュッス)——をあげた。しかし、その4日後の戦闘はそれとはまったく違った展開になった。

1944年5月8日のⅣ./JG3の出撃は、名実共に強襲飛行隊になって初めての作戦行動となった(この飛行隊はすべての公式文書の上でⅣ.(Sturm)/JG3と表記されることになったため)。そして、この日は、第1強襲飛行中隊が11.(Sturm)/JG3——第3戦闘航空団第11(強襲)飛行中隊——という新しい呼称の下でデビューする日でもあった。敵の強力な重爆部隊の接近が探知され、モリッツ大尉はBf109とFw190が混じった編隊を率いて、0840時にザルツヴェデルを離陸した。約500機のB-17がベルリンに向かい、300機あまりのB-24がブラウンシュヴァイクに向かっていた。しかし、この日もドイツ中部には厚い雲の層が拡がり、第8航空軍の攻撃計画は狂ってしまった。

この天候条件は、ドイツ空軍が防空のために出撃させた戦闘飛行隊17個の行動の妨げにもなった。Ⅳ.(Sturm)/JG3は最初、誘導されてハンブルク

元第1強襲飛行中隊のメンバーであるゲーアハルト・マルブルク曹長（上段の写真）は、組織改編に伴ってIV.（Sturm）/JG3に移動した後、1944年5月8日にB-24を1機撃墜した。左側の2枚の写真は彼のガンカメラのフィルムから抜いたものであり、ドイツ本土上空の高高度で彼が敵編隊に接近し、射撃開始する直前の状況を捉えている。この日、第8航空軍はリベレーター11機を喪った。マルブルクは強襲飛行中隊で5機撃墜を記録し、IV.（Sturm）/JG3で戦果2機を加えた後、Stab II.（Sturm）/JG4に転属して、9月3日に戦死した。

地区の集合地点に向かったが、その後、南へ転針し、接近してくる敵の重爆編隊を迎撃せよと命じられた。1000時をわずかに過ぎた頃、この飛行隊はB-24のいくつかのボックス編隊を発見した。敵は南東への針路を取り、ブラウンシュヴァイクを目指していた。たまたま、これらの爆撃機編隊の周辺には、米軍の近接護衛の戦闘機はついていなかった。

　10分足らずの戦闘によって、モリッツの飛行隊はリベレーター19機の戦果をあげた。そのうちの撃墜戦果12機は米軍側が記録しているB-24喪失11機とほぼ同じであり、英国までたどり着いて不時着し、修理不能として廃棄されたB-24が7機あったので、撃破と報告された7機の一部はそれに含まれているのかもしれない。

　ザルツヴェデルに帰還して給油・給弾を受けた後、正午少し前に二度目の迎撃が命じられた。この二度目の戦闘ではB-17　5機の戦果があがり、この日のIV.（Sturm）/JG3の合計戦果は四発重爆24機に達した！　これは5月8日に出撃した他の戦闘飛行隊に大差をつけた最高の戦果となった（第2位

このリベレーターは前方からの攻撃による機関砲弾を浴びて激しい損害を受けている。しかし、遠方には後方攻撃の位置につくために大きな旋回に入っているFw190の小隊編隊（4機）も見える。

10.（Sturm）/JG3飛行中隊長、ハンス・ヴァイク少尉。彼は大戦終結までに四発重爆22機撃墜（個人戦果は合計36機）の戦果をあげた。

の飛行隊の戦果は四発重爆"わずかに"8機だった）。この戦果に対する代償はパイロットの戦死1名、負傷1名、損失または損傷したBf109 5機に留まった。

ブラウンシュヴァイク北西方上空での戦闘は、ドイツ空軍のUSAAF第8航空軍に対する強襲（シュトゥルム）攻撃作戦の効果を一挙に高いレベルに押し上げた。一日のうちに撃墜された米軍の四発重爆の数は、この日に一段と増大した。そして、その後の数カ月のうちに一日当たりの戦果は高まっていき、殊に2つの戦闘飛行隊が新たに強襲任務に転換すると、戦果は目立って増大した。そのようになってくると、このシリーズの書物のページ数では、これ以降、個々のパイロットの戦果を詳細に記述することはできない。そして、すべての戦闘について戦果を撃墜と撃破に区分して書くこともできない。

ドイツ空軍の戦闘機隊では米軍の重爆と中型爆撃機に対する戦果の類別がいくつか設けられ、叙勲や進級に関連する戦果評価の"ポイントシステム"も作られていた。これらの詳細については、本シリーズVol.18『西部戦線のフォッケウルフFw190エース』を参照されたい。

モリッツ大尉は編隊の先頭に立って自分の飛行隊を指揮しようと考えており、5月8日の戦闘でそれを実行し始めた。それだけをここで書いておく。モリッツは8日の戦闘でB-24 2機の戦果に確認をあたえられた。第10飛行中隊長、ハンス・ヴァイク少尉はリベレーター2機の戦果に加えて、正午少し過ぎの二度目の出撃でB-17を1機撃墜した。この2人は彼らにとって初めての強襲戦闘によって、各々の合計戦果を37機と31機に伸ばした。驚くには当たらないが、第1強襲飛行中隊の元隊員たちは、第IV飛行隊のスコアの増大に大いに貢献した。彼らの戦果9機のうちの4機は、オットマー・ツェハルト中尉とオスカー・ベッシュ伍長の2機ずつの戦果だった。

ドイツの石油生産体制に対する爆撃
ATTACKING GERMAN OIL PRODUCTION

その4日後、5月12日、第8航空軍は最優先爆撃目標を第三帝国の石油

生産体制――その後、長期にわたって、この分野の目標を爆撃した――に切り換え、最初の作戦を実施した。これは大規模な作戦であり、900機近い重爆と700機以上の護衛戦闘機が、ドイツ中部と占領下のチェコスロヴァキアの6カ所の石油精製工場を目標として出撃した。ドイツ空軍も同様に対応し、戦闘飛行隊(ヤークトグルッペン)16個と双発重戦闘機の駆逐飛行隊(ツェアシュテーラーグルッペン)3個を迎撃に向かわせた。

　この日も再び、IV.(Sturm)/JG3は他のすべての飛行隊をはるかに引き離す戦果をあげた。フランクフルト＝アム＝マインの北西方でいくつかのB-17のボックス編隊に遭遇し、まだBf109を主力としていた編隊によって2波の前上方攻撃――第1波のすぐ後に第2波が続いた――をかけて、ちょうど13分の戦闘で20機のフォートレスを屠った！　第IV飛行隊の損害は損失または損傷5機だった。パイロットの損害は、ゲーアハルト・フィフルー伍長がコブレンツの東方、リンブルクの上空で彼の乗機、Fw190から落下傘降下して負傷しただけだった。

　それから24時間の後、第8航空軍の四発重爆の群れは再び石油産業爆撃のために出撃した。この日はポーランド西部の目標を目指した。しかし、晴天だった前日から一変して、目標の上空は厚い雲に覆われていた。このため、爆撃機編隊は目標をドイツ領、バルト海沿岸の港湾都市、シュトラールズントとシュテッティン（現ポーランド領・シュチェチン）に変えた。これらの目標を爆撃した200機余りのB-17のうち、10機が帰還しなかった。そのうちの7機はIV.(Sturm)/JG3の撃墜戦果であり、ヴィルヘルム・モリッツとハンス・ヴァイクの1機ずつの戦果もそれに含まれていた。この戦闘によってヴァイク少尉の乗機、Bf109G-6は損傷を受け、シュトラールズントの南24kmの地点に胴体着陸した。第12飛行中隊のオスカー・フィッシャー伍長はもっと不運であり、同じ地区で彼のグスタフ(G型)が撃墜されて戦死した。

　フィッシャーの"黄色の13"は、この飛行隊のメッサーシュミットの最後の損失となった。それからしばらく、平穏な日が続いた。天候の悪化と、間もなく始まるノルマンディ上陸作戦の下準備としてドイツ軍の戦力を低下させるために、第8航空軍が欧州西部の被占領地域の目標の攻撃に転じたことがその理由だった。その間にモリッツの飛行隊のパイロットたちは、Fw190への転換訓練に力を注ぐことができた。

　第1強襲飛行中隊から引き継いだ18機のフォッケウルフに加えて、第IV飛行隊は5月のうちにFw190A-8を45機供給された。部隊全体の機種転換は事故なく完了し、最後に残った6機ほどのBf109G-6は、6月初めにJG3内の他の飛行隊に引き渡された（第I～III飛行隊は大戦終結までBf109で戦った）。

　本土航空軍(ルフトフロッテ・ライヒ)は空中での識別を容易にするため、指揮下の戦闘航空団――JG3も含まれていた――の所属機の胴体後部に幅広のバンドを塗装するように命じ、航空団各々に目立った色を割り当てた（異なった色を組み合わせたバンドの部隊もあった）。JG3は白を割り当てられ、63機のフォッケウルフには白の幅広のバンドが塗装された（第1強襲飛行中隊の機には"非公式"な、しかし、もっと決定的に目立った黒・白・黒の縞が胴体後部に塗装されていたが、この措置によって塗り消されてしまった）。しかし、白いバンドの側面には、その時期に第IV飛行隊を示す記号として使われていた黒の"波形のバー"が描かれた。

　それに加えて、第IV飛行隊の大半のFw190のカウリングは半ば艶のある

一見したところ、薄気味悪い雲の下に多数並んでいるのは、標準的なシュトゥルムボックなのだが、注意深く見ると各機の胴体下面には"カニ装備"——後方に向けてロケット弾を発射する発射筒——が装備されている……

黒で塗装された。そして、冷却ルーバー周囲の排気の汚れを隠すために、そこから黒を後方に塗り拡げ、様式化した稲妻形を描いた機も多く、それを中隊別の色で縁どりした機もあった。多くの機は飾りの仕上げとして、カウリングにJG3の"翼のついたU"の紋章が描かれた。これは1941年11月に亡くなった空軍装備・技術局長、エルンスト・ウーデット上級大将（新型機テスト飛行の事故で死亡したと公表されたが、実は自殺だった）を記念して、JG3に名誉部隊名"ウーデット"が授けられた時に創られたものである。

しかし、なんとなく気分が変わる塗装作業だけで5月が過ぎたのではなかった。この月にモリッツの飛行隊(グルッペ)は後に本土防空戦で強烈な効果を発揮する

……それがもっと近い距離で写っている（シルエットだけなのが残念だが）のは、ヴィリ・ウンガー伍長の"黄色の17"のこの写真である。第12飛行中隊がバルトでテストを重ねている頃に撮影された。この機の後方に胴体下部だけが写っている機が見えるが、その機の胴体後部の白いバンドとその上に描かれた第Ⅳ飛行隊の標識、波形のバーに注目されたい。

ことになる編隊戦術の実験を開始した。最初に試みたのは2ダースほどの戦闘機で構成する幅の広い鏃形編隊だった。モリッツ大尉と彼の本部小隊が、3つの飛行中隊編隊全部の先頭に立つ編隊であり、後方から敵の重爆編隊を追う長い接近コースを飛ぶ時の隊形である。十分に接近すると3つの中隊は分かれて横一列に並び、実際の攻撃に移るのである。

　5月には、ハンス・ラハナー中尉の第12飛行中隊がバルト海の西端に近い地区の沿岸都市、バルトに派遣され、新しい兵器システムのテストを行った。その兵器というのは発射筒から発射する21cmロケット弾であり、前年にIV./JG3がイタリアで戦っている時にBf109に装備していたものと同じである。その時のグスタフは両翼の下面に発射筒を1基ずつ装備していた。第12中隊のフォッケウルフは発射筒1基を胴体下面に装備し、その発射方向はなんと後方だった。

　"カニ装備"（クレブス=ゲレート）と呼ばれたこの兵器装備の背後には、第12飛行中隊を爆撃機ボックス編隊に対する正面攻撃に当てるという方針があった。この戦術を取るために、この中隊は、敵編隊に後方から接近していく飛行隊（グルッペ）の主力から離れて行動せねばならない。両者の関係は以前に第1強襲飛行中隊がIV./JG3と協同行動を取っていた時と似ているが、主力部隊が後方攻撃をかけ、小部隊である第12飛行中隊が正面攻撃に当たる点が異なっていた。第12飛行中隊は正面攻撃のコースで敵の重爆編隊の中を通過した後、全機が上昇に移り、敵編隊を狙ってロケット弾を後方に向けて発射して離脱する戦術が考えられたのである。

　バルト海上空で発射テストを重ね、第12中隊がザルツヴェデルに復帰してからもテストが続けられたが、この戦術はまったく実際的ではないと判断され、"カニ装備"は一度も実戦に使用されることなく消えていった。このテストの間に不運な戦死者が1名あった。ヨハネス・シュターゼン伍長の乗機、Fw190A-8/R2は胴体下面に装備したロケット発射筒のためにいっそう鈍重になっていて、5月16日にバルトの北方で敵機に撃墜された。その相手はRAFのモスキート長距離戦闘機2機であり、これだけ遠い地域に現れたのはまったく予想外だった。

　12./JG3が後方向けロケット弾発射の難しい技術に習熟しようと苦労している一方で、同じJG3の他の2つの飛行中隊は5月19日、モリッツ大尉の指揮下で迎撃任務に出撃した。第8航空軍の重爆編隊が突然、ドイツ本土攻撃にもどって、ベルリン、ブラウンシュヴァイク、キールを爆撃したのである。この日はIV.(Sturm)/JG3が全機、Fw190で出撃する初めての作戦だったのだが、全面的な成功とはいえなかった。フォッケウルフはベルリンに向かう敵編隊のひとつをパルヒム附近で攻撃したが、強力な護衛戦闘機群に阻まれて、フォートレスの編隊に接近することができなかった。1名か2名のパイロットが単機でP-51の防御

強襲パイロットたちにとって初期の戦いの相手のひとつは、ロッキードP-38ライトニングだった。11.(Sturm)/JG3のカール=ハインツ・シュミット伍長は5月24日にP-38を1機撃墜した（ここに写っているのは第364FGの機だが、彼の戦果は別の部隊の機である）……

……しかし、数カ月後に登場したマーリン・エンジン装備のP-51マスタングは、強襲飛行隊の強敵であることがすぐに明らかになった。欧州戦線でこの長距離護衛の能力を持ったサラブレッドを装備した最初の部隊は、第9航空軍の第354FGである。

スクリーンを突破することに成功し、フォートレス1機撃墜が報告された。
　マスタングの攻撃的な戦術に追い回され、多くのパイロットが首都周辺のいくつかの飛行場に緊急着陸した。ザルツヴェデルに帰還したパイロットたちは二度目の出撃を命じられ、バルト海上空を通って帰途につく爆撃機を捕

マスタングとの一騎討ちで、鈍重なシュトゥルムボックは決定的に不利だった。ガンカメラに捉えられたこのFw190のパイロットは、うまく脱出・降下することができたが、誰もがそれだけ幸運だったわけではない。

乗機、Fw190の前でポーズをとるクラウス・ノイマン伍長。ロシア戦線にて。彼は後に本土上空で強襲戦術によって戦い、戦績をあげた多くの元2./JG51パイロットのひとりとなる。

捉し、B-17 4機をこの日のスコアに加えた。損害は第11飛行中隊の下士官パイロットの死者2名だった。ひとりはバルト海沿岸、グレンヴォールズホルストの北方で撃墜されて戦死し、もうひとりはザルツヴェルデから40kmほどの地点に不時着して重傷を負い、翌日に死亡した。

コンラート・バウアー軍曹もJG51から移ってきた東部戦線のベテランであり、本土上空での戦闘で四発重爆を多数撃墜したパイロットのひとりとなった。彼の乗機の機銃カバー（機名の左上）に描かれた小さな黄色のリングに注目されたい。これはこの機が出力増大型のBMW801D-2エンジン装備であることを示している。

5月24日、第8航空軍はふたたび、"ビッグB"を攻撃した。第10、第11飛行中隊は他のいくつかの部隊とともに、首都の北方上空で敵編隊と交戦し、5日前よりはよい成績をあげた。彼らはB-17 9機の戦果をあげたうえに、護衛戦闘機3機——P-38ライトニング1機とP-51マスタング2機を撃墜した。P-51のうちの1機はヴェルナー・ゲルト少尉の戦果であり、これで彼のスコアは1ダースに達した。第IV飛行隊はFw190を1機喪ったが、パイロットは落下傘降下して無事だった。

米軍の戦闘機3機撃墜はきわめて見事な戦果だった。しかし、重爆編隊の隊列の護衛に当たる敵の戦闘機——特に恐ろしいのはP-51——の機数は増大しつづけ、重大な問題になり始めた。それは鈍重なシュトゥルムボックにとってだけではなく、本土防空任務の戦闘機隊全体にとって大きな問題となった。

その状況の対策として、外地の戦線、主にロシア戦域と地中海戦域で戦っているいくつかの戦闘飛行隊から1個飛行中隊ずつを引き抜き、本土航空軍所属の昼間戦闘機の飛行隊に転属させることになった。IV.(Sturm)/JG3に移動してくるのは2./JG51とされた。JG51 "メルダース" は1941年6月のソ連侵攻作戦開始以来、ロシア戦線で戦ってきた部隊である。ホルスト・ハーゼ中尉指揮の第2飛行中隊は最近、ロシアでFw190からBf109に機種転換したばかりだったが、5月の最後の週にザルツヴェデルに到着するとただちに、ふたたびフォッケウルフへの機種転換(!)を開始した。

5月の最後の週には、第8航空軍とドイツ空軍の昼間防空任務の部隊の間で大規模な戦闘が何回か発生したが、IV.(Sturm)/JG3の活動はわずかだったように思われる。5月28日にはこれまでで最大の機数、1,341機の四発重爆が、それに近い機数の第8、第9両航空軍の戦闘機と共に、ふたたび石油産業と運輸機関の目標を攻撃するために出撃した。この日、第10飛行中隊がB-17 1機撃破の戦果確認をあたえられ、フォッケウルフ1機を戦闘で失ったが、パイロットは無事に落下傘で降下した。

翌5月29日、前日よりはやや少ない兵力——それでも四発重爆1,000機に近かった——が航空機製造工場と石油産業施設を爆撃した。これに対して出撃したのは第10、第11両飛行中隊のフォッケウルフ6機のみと記録されている。第11中隊ではテオドア・ケルナー伍長がデンマークのロラン島の上空で撃墜されて戦死し、フォートレス1機撃墜の戦果をあげた。

5月30日にも大規模な作戦があり、第8航空軍の B-17とB-24、合計700機以上の兵力が、ドイツ領内の飛行場と航空機関係の目標を爆撃し、四発重爆12機を失った。第11飛行中隊がB-17 1機を撃破したのが強襲飛行隊の唯一の戦果だった。

IV.(Sturm)/JG3の5月の末の不振な戦績は、5月の第2週——この時期にはまだBf109を使用しており、十分に経験を重ねた正面攻撃戦術で戦っていた——の好成績との差は明らかだった。一部の資料には、第IV飛行隊がフォッケウルフへの機種転換を進めながら、実戦出撃を続けたのは誤ったやり方だとの批判が記されている。5月の末に出撃機数が定数の10パーセント、またはそれ以下まで低下したが、その原因はそのように批判された機種転換の進め方であったようである。モリッツ大尉の下でのパイロットの一部が表明した意見——元々Fw190を装備している飛行隊を強襲任務の部隊に選ぶべきだという意見——は正しかったと思われる。

短期的にはそれは事実だったかもしれないが、7週間あまり後には状況は変わった。IV. (Sturm)/JG3の戦績はすべての人々の予想を超え、ドイツ空軍の随一の重爆キラー部隊と新聞に書き立てられるようになったのである。しかし、そのようになる前に必ずパイロットたちは、部隊創設以来初めての大きなショックを受けることになった。それから1週間を少し過ぎた頃、彼らは戦闘爆撃機として出撃し、低い高度を飛び廻ることになったのである。

ヤーボ任務出撃
JABO MISSIONS

ドイツ国防軍最高司令部は、連合軍のヨーロッパ北西部への上陸作戦が近いことを察知していた。しかし、彼らは上陸作戦の正確な期日と地域についての情報はつかんでいなかった。1944年6月6日にノルマンディの海岸で上陸作戦を開始してからも、ヒットラーはかなり長い間、セーヌ河以西の地域への敵の上陸作戦は陽動作戦だと信じていた。この地域の陸軍の司令官たちはノルマンディの敵上陸部隊を撃退するために、パ・ド・カレーなど周辺の地区の兵力をただちに投入しようとしたが、ヒットラーはそれを許さなかった。この誤った判断の結果は重大であり、欧州西部のドイツ空軍の防御態勢はその打撃から立ち直れなかった。

空軍ではその種の混乱は発生しなかった。OKL（空軍最高司令部）は以前から緊急対応計画を立てており、敵上陸の通報が入り次第、作戦行動可能な戦闘機部隊全部をフランスに急派する態勢を整えていた。その計画は、"ドクター・グスタフ・西へ"（この3つの単語の頭文字D-G-Wは"迫る・危険・西へ"の3つの単語の頭文字と同じ）という電報によって発動されることにな

250kg SC250爆弾の搭載準備を急ぐ武器整備員たち。これを搭載した後、シュトゥルムボックは戦闘爆撃機任務のためにノルマンディ橋頭堡に出撃する。

っていた。この電報を受信するとただちに、本土防空の昼間戦闘機部隊のほぼ全部（4個の戦闘飛行隊(ヤークトグルッペン)、駆逐機の数個飛行隊(ツェアシュテーラー)、その他の小部隊を除いて）は、前もって指示されているフランス内の飛行場に進出するのである。JG3が進出する飛行場はパリの西と南西に集中しており、この航空団は敵の上陸地区に最も近い位置に配置されることになった。

　6月6日の朝、この暗号電報を受信すると、ザルツヴェデルでは狂ったような激しい活動が一斉に始まった。先遣隊の主要な地上要員と彼らの機材・資材が、すでに待機していた6機ほどのJu52/3mに搭載され、パリの西75kmのドリューに向かって離陸した。6機の三発機は全機、Dデイ当日の夕刻には無事に目的地に到着した。モリッツ大尉と彼の第10～12飛行中隊は6月8日の0700時にザルツヴェデルを離陸し、ラインとミュンヘン＝グラートバッハを経由してドリューに向かった（新たに配属された2./JG51は、Fw190への機種転換を完了するために残された）。

　モリッツ大尉の強襲飛行隊は1430時の少し前にドリューに着陸した。その数分後に空襲警報のサイレンが鳴り、爆弾が投下されたが、部隊に物的な損害はなかった。その後の5日間、ドリューは何度も航空攻撃を受けたが、四発重爆の高高度爆撃機と戦闘爆撃の低空攻撃のいずれの損害も受けなかった。この飛行隊は殊更に幸運だったのか、それとも分散駐機区画の場所選びが上手だったかのいずれか（!）である。

　JG3自体が戦闘爆撃機の任務に当てられるというニュースは、皆にとって嫌な驚きであり、殊にFw190を装備した第IV飛行隊のパイロットたちにとっては嫌な知らせだった。JG3がこの任務の担当に選ばれたのは、部隊の配備地区がノルマンディに比較的近いからだと推測された。しかし、この理由もモリッツの指揮下の3個飛行中隊にとっては何の慰めにもならなかった。前線にきている数少ない整備員たちは、Fw190の機体改修作業にかからな

戦闘爆撃機任務の出撃からドリュー基地に帰還したヴィリ・マキシモヴィッツ軍曹。彼の乗機の爆弾架は搭載物なしになっている。この機のスピナーは前頁の機と同じような渦巻き模様だが、別の機体である。こちらの機には"目隠し"防弾ガラスがない。

"目隠し"のあるなしとは関係なく、地上でのFw190は前方視界がほとんどない。ヴィリ・マキシモヴィッツは"黒の8"のコクピットから顔をだして注意深く前方に目を向け、慎重に移動滑走している。整備員は右の翼端のすぐ前を走り、基地の縁の木立の中にある駐機地区にパイロットを誘導していく。

ければならなかった。通常は落下タンクを搭載する胴体下面の装架位置に、250kg爆弾を搭載するためのETC501爆弾架を装着する改修である。しかも、戦闘爆撃機任務の初出撃は翌朝に迫っていた。

　第Ⅳ飛行隊の6月9日の攻撃目標は、オルヌ河河口沖の上陸作戦艦船とカーンの北へ向かって内陸を前進中の敵の部隊とされた。実際に爆弾を搭載したのは第10、第11両中隊の機だけだった。12./JG3のフォッケウルフは、後方向けに発射するロケット弾発射筒、"カニ装備"（クレブスゲレート）を胴体下面に装備したままだったためである。このため、ハンス・ラハナー中尉指揮下のパイロットたちは、他の2つの飛行中隊の護衛に当たるように命じられた。じゃまな装備によって、重装甲の普通のシュトゥルムボックよりもっと鈍重になっているこの中隊の機を護衛任務に当てるのは、まったく愚かなことである。何かがまちがっていたことは明らかだった。

　この時期にはすでに、OKLの上層部の中で判断と連絡の機能が不十分になっていた。JG3の4つの飛行隊は全部、以前からの連合軍上陸作戦の際の緊急対応計画に組み入れられていたが、それは全体がBf109を装備していた時に立てられた計画だった。信じがたいことだが、ベルリンの権力機構の誰かがⅣ./JG3の状態が以前と変わっていることを認識し、それに対応して緊急計画を改訂することを怠ったのである。Ⅳ./JG3はいまやFw190を装備し、空軍で唯一の対重爆強襲攻撃任務の部隊になっていた。本土防空体制の不可欠な部分になっているこの強襲飛行隊（シュトゥルムグルッペ）が、フランスに送り出されたのはまったくの過誤だったのである！

　Ⅳ.(Sturm)/JG3はノルマンディ戦線で最善をつくして戦った。6月9日にはヤーボ任務に2回出撃し、損害なしで帰還した。パイロットの多くは単に運がよかったからだと喜んだが、モリッツ大尉は雲のカバーを巧みに利用した効果があったと見ていた。第Ⅳ飛行隊は西部戦線で戦った短い期間全体にわたって、地上でも空中でも幸運の女神に護られていたように思われる。

　その後の2日間、沖合の艦船の群れと、カーン北方の歩兵部隊と機甲部

隊に対してヤーボ攻撃を重ねた。橋頭堡上空の強烈な対空砲火と圧倒的な敵の制空権にもかかわらず、出撃ごとにフォッケウルフは全機、無事にドリューに帰って来た。しかし、パイロットたちは爆弾投下の経験がなかったために、攻撃の戦果は皆無に近かった。一度だけ、一群の戦車に対する攻撃に成功したが、不運なことに攻撃した相手はSS第12戦車師団〝ヒットラーユーゲント〟の戦車だった！

　6月11日地上要員の主力が乗ったトラック隊列がドリューに到着した。重量の大きい機材も運ばれてきており、過度な作業量を背負っていた先遣隊はひと息つくことができた。数日の戦闘出撃で第Ⅳ飛行隊の可動率は二分の一以下に低下した。しかし、その原因のほぼ全部は、適切な整備施設や機材が欠けていることだった。部隊の記録によれば、フランスに派遣されている間、装備機の状態の変化はフォッケウルフ2機が軽度の損傷を受けただけである（いずれも事故による損傷）。

　ノルマンディ戦線のヤーボ任務に投入された他の戦闘飛行隊はⅣ.(Sturm)/JG3ほどに幸運ではなかった。彼らは多大な損害を受けた。攻撃効果はごくわずかだったのに対して経験の高いパイロットが多く失われたため、6月13日、それから先のヤーボ任務出撃は停止されることになった。Ⅳ.(Sturm)/JG3がこの任務に投入された部隊のなかに含まれていることがようやく認識されたのは、この損害の高い作戦を中止する命令が下された後のことである。

　ある物語によれば、ゲーリング国家元帥は、彼の〝強襲飛行隊(シュトゥルムグルッペ)〟が西部戦線で、戦闘爆撃任務で戦い、大きな損害を被ったことを知らされ、この飛行隊をただちに本土防空任務に呼びもどすように命令したとのことである。しかし、これは作り話であるに違いない。第一にⅣ.(Sturm)/JG3がそのような損害——重大なものも軽微なものも——を受けてはおらず、第二に空軍最高司令官はそれまでに、この飛行隊の活動について直接的な関心を示したことがなかったからである。

　もっと説得力があるのはモリッツ大尉のこの時期についての回想である。彼はドリューに出張してきたトラウトロフト大佐に会った。大佐は第Ⅳ飛行隊を本土に復帰させる命令書を携えていた。彼はガランド戦闘機隊総監の幕僚で、西部昼間戦闘機隊査察監の職についていた。彼はベルリンの内情をモリッツに次のように語った——〝いくつもの部門で幕僚の間にひどい騒ぎがあった。この飛行隊をノルマンディ戦域に送り出した失策はいったい、誰の責任なんだとたがいに責め合ったのだ！〟。

　それが誰の責任であったかとは関係なく、この飛行隊の西部戦線移動の命令は取り消された。6月15日、Ⅳ.(Sturm)/JG3はノルマンディ戦域を離れ、ウィーンの南、アイゼンシュタットに向かって飛んだ。部隊の地上要員は危険が多い長距離のトラック隊列移動によって、数日前にドリューに到着したばかりであるのに、ここで再び同じコースを逆行する移動——欧州の半分を横断するほど長い——を始めねばならなかった。彼らの気持は十分に察することができる。一方、モリッツ大尉と彼のパイロットたちにとっては、彼らが最高の活躍を示す時期が3週間先まで近づいていた。

chapter 3

オシャースレーベン上空の戦闘
―― 一躍、国民的英雄に
OSCHERSLEBEN — NATIONAL HEROES

　地上要員の主力がアイゼンシュタットに到着するよりも前に、IV.（Sturm）/JG3のフォッケウルフの群れは再び移動していった。この時の移動先はニュルンベルクの南西、約25kmのアンシュバッハだった。6月21日にこの基地に到着し、2./JG51――フォッケウルフへの機種再転換を完了していた――と合流して、フランスへの派遣によって一時中断されていた訓練を再開した。

　訓練の主な内容は、3個飛行中隊全部が並んで接敵コースを飛ぶ横幅の広い鏃形編隊を完熟の域に高めることだった。一方、2./JG51は小さい鏃形編隊を組み、主編隊の後方、やや高い位置を飛び、護衛に当たる訓練を重ねた。この接敵の段階では飛行隊は地上の管制指揮官――戦闘機編隊に飛行方向を指示し、爆撃機編隊の隊列に向かうように誘導することを任務とする――の指示に従って飛ぶ。しかし、敵編隊が視認距離に入ると空中指揮官――通常はモリッツ大尉――は鏃形編隊から個々の飛行中隊編隊に散開するように命じる（攻撃目標とする敵編隊のサイズと構成に対応して、4機ずつの小隊に散開する場合もある）。散開した個々の編隊には目標とする特定のボックス編隊、またはその中のひとつの中隊編隊が指示される。もし、2./JG51のフォッケウルフがまだ敵の護衛戦闘機との戦闘に巻き込まれず、主編隊と共に行動していれば、この飛行中隊にも目標とする敵爆撃機編隊が指示される。

　破壊効果を最大限に発揮するために、各編隊の長機の命令と共に全機が一斉に射撃開始する。公式には、強襲飛行隊のパイロットは爆撃機まで100m以内に接近してから射撃することとされていた。し

ノルマンディを後にして本土に帰ったマキシモヴィッツ軍曹は、再び本土防空戦で活動を始めた。次頁までにわたる3枚の写真は、彼のガンカメラのフィルムの一部であり、典型的な強襲戦術攻撃を受けたフォートレスの運命を捉えている……

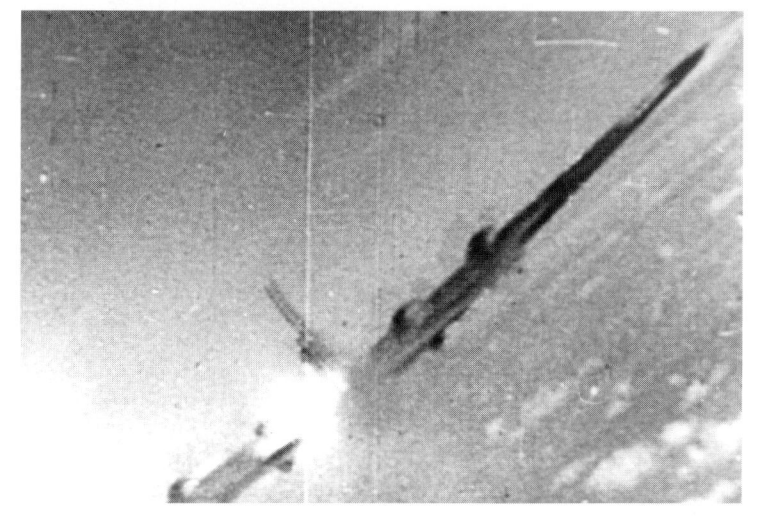

……その最後の1枚のシャッターが切られた時の距離は、ちょうど90mだった！

数多くの勲章を胸に飾ったJG300司令、ヴァルター・ダール少佐。IV.(Sturm)/JG3はノルマンディ戦線から本土に帰還した時、ダール少佐のJG300の下に配属された。

かし、実際には、主翼の20mm機関砲は通常400mの距離で射撃開始命令が下され、それより外側の位置に装備されている30mm MK108機関砲は打撃力を増すために、200mに接近してから射撃開始を命じられた。30mm砲の弾数は1門あたり55発であり、パイロットが5秒連射すると弾切れになった。しかし、30mm砲弾は3発──発射時間は1秒の何分の一かに過ぎない──で四発重爆を撃墜するのに十分だった！

　IV.(Sturm)/JG3はドイツ南部のアンシュバッハに移動してきた時、ミュンヘンに司令部を置く第7戦闘師団（ヤークトディヴィジオン）の指揮下に入った。そして、実際の作戦行動指揮のために、ヴァルター・ダール少佐のJG300の下に配置された。

　JG300の原点は、元爆撃機パイロット、ハヨー・ヘルマン少佐が新編した戦術実験のための小部隊である。少佐は、単発戦闘機は夜間戦闘でも昼間と同様に効果的に戦うことができると主張した。RAFの爆撃を受けている都市と周辺の上空は、探照灯、照明弾、地上の火災などによって人工的に照明されるので、こうした地区に出撃したドイツ空軍の単発戦闘機（レーダー装備は無い）は、パイロットの通常の視力によって敵の爆撃機を発見し、攻撃することができるというのが彼の意見だった。この単純な方式の夜間迎撃

後方からの接近攻撃を受けているB-24リベレーター。尾部と左の内側エンジンに機関砲弾が命中している。

戦闘——この戦術には"ヴィルデ・ザウ"（野生の猪）というコード名がつけられた——によって、初めのうち、目立った戦果があげられた。しかし、損失も大きく、この部隊の任務はだんだんに変化していった。最初は夜間戦闘から全天候戦闘へ、そしてだいたい6カ月後には全面的に昼間防空戦闘に移行した。

1944年の夏の初めまでには、JG300の3個飛行隊——Bf109装備が2個隊、Fw190装備が1個隊——は本土防空体制の柱のひとつになっていた。他の多くの部隊がノルマンディ戦域に送り出されていたこの時期に、JG300は3個飛行隊の戦闘航空団、通常の体制そのままで、本土で戦い続けていた。3代目の航空団司令、ダール少佐は着任したばかりだった。彼は1940年以来、JG3で戦い、最後の10カ月は第Ⅲ飛行隊の隊長として戦った。

1944年7月6日、モリッツ大尉と隊員たちは数週間のうちに三度目の移動を命じられた。移動先はアンシュバッハの北西、わずか25kmのイレスハイムだった。彼らがこの基地に配置されていたのは7日間に過ぎなかったが、それは忘れることができない日々になった。

7月7日の第8航空軍の作戦番号458はドイツ中部の石油、ボールベアリング、航空機製造など戦略的産業の多数の施設を目標として、3個爆撃師団全部からB-17とB-24、合計1,100機以上が、800機近い護衛戦闘機を伴って出撃した。

イレスハイムでの彼らの最初の朝、0820時に、Ⅳ.(Sturm)/JG3の44機のFw190が迎撃のために離陸した。同時にニュルンベルクの西の数カ所の飛行場からダール少佐指揮のJG300の3個飛行隊も出撃した。モリッツの編隊とダールの編隊はいずれも北へ向かうように命じられており、両者はほぼ併行、やや外側にそれるコースを飛び、同じ空域で出会うことはなかった。

ヴァルター・ダールのBf109とFw190の混成編隊は針路指示を受けながら、爆撃グループ数個が進入しているハルバーシュタット＝ケドリンブルク地区上空に向かった。大きく拡がる一連の戦闘によって、JG300は四発重爆　29機（B-24　27機とB-17　2機）と護衛戦闘機6機（P-51　4機と

騎士十字章を襟許に飾ったオスカー・ロム少尉。彼は東部戦線での76機撃墜に対して、1944年2月29日にこれを授与された。

P-38 2機）の戦果を報告した。

　そこから北東へ30kmあまり離れた都市、オシャースレーベンの上空で、モリッツ大尉以下のフォッケウルフの編隊は幸運に恵まれた。別の進入隊列の一部であるB-24のボックス編隊ひとつに遭遇したのである。この時点で、この編隊の周囲には護衛戦闘機が全くついていなかった。この日のIV.（Sturm）/JG3の重爆迎撃戦闘は理想的な条件の下で始まり、パイロットたちは敵の後方からの見事な協同強襲戦術——これまで数週間、彼らが訓練に励んできた通りの戦術——によって襲いかかった。

四発重爆編隊、壊滅
DEVASTATION

　80門以上の30mm機関砲がほぼ同時に開始した一斉射撃は、強烈な破壊力を発揮した。パイロットたちは爆発したり、スピンに陥って降下する大型機が点々と拡がった空を突っ切って飛び、このリベレーターのボックス編隊を全滅させたと確信した。彼らの多くはまだ弾薬の残りを持っており、もうひとつ前の位置のB-24のボックス編隊に迫っていった。10分たらずの戦闘で、第IV飛行隊はB-24 34機の戦果を報告した。

　モリッツ大尉は撃破1機（ヘアアウスシュス）により彼の合計戦果を40機に伸ばした。第1強襲飛行中隊の編成時からの隊員だったヴェルナー・ゲルトは2機を撃墜した。強襲飛行隊に配属されてきた2./JG51でも、東部戦線で活躍していた腕達者たち（エクスペルテン）が、本土防空戦での初めての出撃で11機の戦果をあげた。中隊長ホルスト・ハーゼ中尉が2機撃墜によって個人戦果合計を48機に伸ばし、この飛行中隊で最も戦果が高いパイロット、オスカー・ロム少尉の1機撃墜は、彼の77機目の戦果となった。

　信じがたいことだが、12./JG3は胴体下面にロケット弾発射筒を装備した状態で戦い、リベレーター8機を仕止めた。第12中隊は第10、第11両中隊と並んで敵編隊を後方から攻撃したので、ロケット発射の機会はなかった。胴体下面に落下タンクを搭載することができない上に、ロケット弾と発射筒によって機体重量が高くなっているために、12./JG3のフォッケウルフは他の2つの中隊の同型機より"足が短く"なっていた。その結果、イルスハイムに帰還する前にどこかに着陸して給油することが必要になり、パイロットたちはこの地域で適当な飛行場を探さねばならなかった。

　数人は交戦した地域から南東へ44kmほどのベルンブルクを選んだ。しかし、これは中隊長、ハンス・ラハナー中尉にとっては不運な判断となった。飛行場まで14kmの地点で、彼は数機のP-51に捕捉されて撃墜された。彼の列機、ハンス＝ヨアヒム・フォス上級士官候補生も一緒に撃墜された。ベルンブルクはあまり安全な避難港ではなかった。この飛行場は第8航空軍のこの日の爆撃目標のひとつだったのである。第10飛行中隊のアロイス・マイアー少尉は真新しい爆弾孔がいくつも並んだ滑走路に、損傷を受けたFw190を胴体着陸させようと試みて戦死した。

　これがこの日のモリッツ大尉指揮下の5名の戦死者のうちの3名である。残りの2名は2./JG51のメンバーだった。ヴェルナー・コッホ少尉はB-24の防御射撃の犠牲になり、エーリヒ・ニッスラー伍長はイレスハイムに帰還する途中でハルバーシュタットに着陸し、ふたたび離陸する時に彼の乗機が滑走路から逸れて死亡した。それ以外の人的損害はモリッツ大尉の本部小隊

のハンス・イフラント少尉である。彼の乗機もB-24の機銃弾を受け、負傷した彼はハルバーシュタットの附近に落下傘降下した。

戦闘後、部隊からの速報が第7戦闘師団司令部に届き始めると、防空戦闘機隊が大々的な戦果をあげたことが見る間に明らかになった。報告された戦果は全体で80機を超えたが、空軍のお偉方の注目を集め、ヨーゼフ・ゲッベルス宣伝省の想像力を刺激したのは、強襲飛行隊が敵編隊ひとつを全滅させたとの報告だった。飛行隊は確信を持って報告していた。

米軍の記録によれば、第492爆撃グループ——IV.（Sturm）/JG3が最初に攻撃した編隊——はこの日の戦闘でリベレーター12機を喪っている。

その日の午後、モリッツ大尉が基地に帰還するより前に（彼の乗機は損傷を受けたので、彼は慎重を期して応急修理のためにマグデブルクに近い飛行場に一時着陸した）、第7戦闘師団長、フート少将と、アードルフ・ガランド戦闘機隊総監がイレスハイムに飛来した。強襲飛行隊の戦果について直接に報告を聞くためである。

ガランドは9カ月前、フォン＝コルナツキ少佐から強襲戦術の提案説明を受けた時、この戦術によってどのような結果が生まれるか少佐の予想を聞いていた。それが予想の通りに実現したのだとガランドは理解した。どれほど大きな戦果の報告を聞いても、ガランドは事実についての的確な見解を見失うことはなかった。強襲飛行隊の活躍は確かに見事だったが、それによって敵の爆撃機の大半が目標の上空に進入するのを阻止することはできなかったのではないか——これが彼の見方だった。第8航空軍の進入を防ぐためにはもっと強力な打撃をあたえなければならない。そのためには、第1強襲飛行中隊の初期の作戦成功の結果、IV.（Sturm）/JG3が新設されたのと同様に、この日のこの強襲飛行隊の大戦果を引き金として、もっと多くの強襲飛行隊の新設を進めなければならないと彼は考えた。

しかし、悪化していく戦況の下では、ドイツ空軍の意図の実現は難しかった。その後、新たに強襲任務に当てられることになった戦闘飛行隊は2個に過ぎなかった。ひとつは以前からフォッケウルフを装備していた飛行隊であり、決定されてから5週間のうちに転換を完了して実戦行動可能になった。2番目の飛行隊はまったくの新編成であり、それから1カ月後になってやっと作戦行動可

戦果報告を受けて、プロパガンダの大々的な活動がすぐに開始された。これは1944年7月13日、木曜日の「ハンブルガー・ターゲブラット」——ナチ党の新聞——の第一面の記事である。見出しには"ダール少佐と彼の強襲飛行隊、テロ爆撃機編隊を最後の1機まで撃墜"と書かれている。

Stürmer der Luft

別の雑誌の"空の強襲部隊"という標題の記事──ある強襲パイロットが書き込みをつけて、60年以上も保存していた──には写真が掲載されていた。この写真には第10飛行中隊──オシャースレーベンの空戦での戦果34機のうち、8機撃墜の確認があたえられた──のメンバーが写っている……

……これはその日に撃墜された機といわれている。オリジナルの切り抜きをていねいに見ると、第389BG、第567BSのリベレーター、HP-Zであることがわかる。

Einer der mit voller Bombenlast zerplatzten Liberator-Bomber von denen laut Wehrmachtbericht vom 8. 7. 44 durch die IV. Sturmgruppe des Jagdgeschwaders 3 in wenigen Minuten dreissig Maschinen abgeschossen wurden.

能な状態になった。一方、ノルマンディ戦線の連合軍地上部隊は橋頭堡から外周地域への突破進撃の動きをを見せ、米第8航空軍はドイツ本土に対する全面的な昼間爆撃攻撃作戦再開の準備を進めており、この状況の下でIV.（Srurm）/JG3は当面、唯一の強襲飛行隊として本土防空戦で戦わなければならなかった。

この飛行隊の7月7日の大活躍によって始まった宣伝活動は長く続く結果、そしてきわめて違った種類の結果を生んだ。戦況が頽勢に傾いているこの時期に、何であっても本当に良いニュースを強く求めていたベルリンの宣伝省は、すぐに走り始め、速度を高めていった。"オシャースレーベン上空の電撃航空戦闘（ブリッツルフトシュラハト）"の報道記事はドイツ中の新聞と雑誌に溢れた。ニュース映画の撮影隊はイレスハイムに駆けつけ、この飛行隊のフォッケウルフが戦闘場面を再現したフィルムが全国の映画館で上映された。

偶然なのか、それとも計画的だったのか、JG300の航空団司令、ヴァルター・ダール少佐がこの戦闘で大きな役割を担ったという話が、大きく取り上げられた。彼自身が強襲飛行隊を率いてオシャースレーベンの上空で攻撃をかけたという印象ができあがったのである。"ダール少佐と彼の強襲飛行隊"（この時期、IV.（Sturm）/JG3が彼の指揮下に配属されていたのは確かなのだが）という風な

見出しの下に、その頃には普通だった誇張したスタイルで戦闘の模様が記述された。典型的な例のひとつを紹介しよう。

"この強力な戦闘爆撃機（原文のママ）の編隊が攻撃をかけることができたのには、航空団司令の天性の資質と戦術的リーダーシップによるところが大きい。突然、R/T（無線電話）に司令の声が入り、簡潔な言葉で強襲攻撃開始を命令すると、その命令によって編隊のパイロットは全員、正に攻撃開始すべき地点に立っているのだと確信を持った"

ダール少佐がこの時点で、ハルバーシュタット＝ゲドリンブルク上空を飛んでいる彼のJG300から数キロ離れていたことは知られている（戦闘報告によれば、彼はこの地点で10分をかけて故障した機関砲を発射可能にしようと努めていたのである！）。それにもかかわらずダール少佐は、この記事のような記述の誤りを正そうとはしなかった。公平な見方に立てば、宣伝省の機構が一斉に動き始めた後では、彼が望んだとしても、それはできなかったのかもしれない。しかし、その後にダール少佐がIV.（Sturm）/JG3の部隊呼称を変え、正式にJG300に編入しようとした時に、強襲飛行隊のパイロットたちと、彼らにとっては一時的な関係である航空団司令との間柄は、異様に冷たくなったといわれている。

後にダールが本土防空戦の時期について書いた本も、この問題を解決してはいない。『体当たり戦闘隊』という書名（書名自体が誤り）で戦後に刊行されたこの本は、明らかに自己本位に書いたものであり、大戦中の記事の

微笑んでいるダール少佐（左）とモリッツ大尉。この写真はニュース映画のひとコマであり、全国の新聞や雑誌に掲載された。

表向きの場面の裏側では、大勢集まったIV.（Sturm）/JG3のパイロットたちに自分の考えを説明する時のダール少佐は、もっと真剣な表情に変わっていた。

この写真には右端から左にダール、モリッツ、ひとり置いて第10飛行中隊長、エッケハルト・ティフィー中尉などが並んでいる。そして、画面の左隅には機番"13"のシュトゥルムボックが写っている。

その機と、その上空を撃墜戦果を示すために低空航過する別の機を組み合わせたこの写真は、ドイツ空軍の広報誌『アドラー』に掲載された。ダール少佐はは本当にこの機──塗装図10として示されている──のコクピットに座っているところを写真撮影されたのか……

……それとも、後日に撮影された写真でダール少佐が乗っている"目隠し"なしの別の機が、本物の"青の13"なのだろうか。

類に記述された誤った内容をふたたび並べるだけではなく、一段と飾り立ててそれを書いている。ここでダールはヴィルヘルム・モリッツと並んでオシャースレーベン上空で迎撃戦闘を率いていたと、自分自身を描いている。

"「ネーグス1番機よりツェーザル1番機へ」と私はモリッツに呼びかけた。「右の方にぴったり組んだボックス編隊2つが飛んでいる。見えるか？　君の隊は左側の編隊を狙え。私の隊は右側の編隊を攻撃する！」。編隊の全機が翼端と翼端の間隔を詰め、我々は二度目の攻撃に入った——本物の強襲攻撃だ。目標より低い位置から20度の浅い角度で接近した。敵編隊との距離はわずかに600mだ"

"爆撃機の群れが一斉に防御射撃を開始した。我々の接近の角度は適切だった。あと数秒のうちに、あの編隊も地獄に蹴落としてやるぞ。「小さい弟たち、全員、もっと接近するのだ。強襲攻撃なんだぞ！　射撃で撃墜できなければ、体当たりだ！　ラウアー・バーツァ・ネッラ！」"

ダール自身の突撃の喊声で終わっているこの戦闘場面はまったくの作り話であり、彼は撃墜戦果としてひどく誇大な数字を書いている（当時、戦闘が進行する中で激しく興奮するパイロットたちが口々に報告した数よりも多い）。大戦から40年以上も後になっても、この本に嫌な気持を持っているIV.（Sturm）/JG3の元隊員たちがいる！

オシャースレーベンに関する戦闘の報道についての不愉快な気持を残して、モリッツ大尉と彼のパイロットたちは7月13日に、ミュンヘンの西南西100kmほどのメミンゲンへ移動した。彼らが新たに身につけた強襲戦術によって、USAAFの連合戦略昼間爆撃攻勢作戦の南側の半分——イタリアの基地群からアルプスを越えてドイツ本土上空に進入してくる第15航空軍の部隊——と戦って実力を試すために、この基地は絶好の位置にあった。早くも移動から5日後にはその機会が訪れ、この飛行隊の全戦歴の中で最高の戦果をあげた。

この写真は1944年7月15日にプロパガンダ企業が撮影した映画フィルム——IV.（Sturm）/JG3が7月7日にイレスハイムからオシャースレーベンに向かって緊急出撃する場面として撮影された——のひとコマである。画面の左下の隅に写っている地上の1機を丹念に見ると、風防の前の機銃銃尾のカバーが後方に跳ね上げられており、胴体前部の機銃がすでに取り外されていることが見て取れる。

大騒ぎがすべて落ち着くと、ダール少佐とモリッツ大尉はコーヒーを飲みながら、戦闘について語り合う余裕ができた。

　1944年7月18日、第15航空軍の500機以上のB-17とB-24が、護衛戦闘機と共に、イタリア内の多数の基地から出撃した。攻撃目標はドイツ南部の航空機製造工場と飛行場とされていた。ドイツ南部のレーダー監視体制は北部の体制と同様に高い機能を持ち、早期警戒機構はすばやく敵編隊を捕捉して、彼らの接近を追跡し始めた。30分にわたってコクピット内待機の態勢を取っていたIV. (Sturm) /JG3は、0930時の少し前、迎撃を命じられてメミンゲン飛行場を離陸した。

B-17編隊、メミンゲンを猛爆撃
B-17 BLITZ

　モリッツ大尉と彼の指揮下の40名あまりのパイロットにとっては、11日前のオシャールスレーベン上空での迎撃行動の再演と同様だった。強襲飛行隊は針路指示を受けて、インスブルック上空に進入してくるB-17の強力な編隊の迎撃に向かった。この日、この飛行隊は単独で行動した（ダール少佐が指揮するJG300の3個飛行隊と、オーストリアに基地を置くJG27の中の1個飛行隊は、敵の長大な進入隊列の中の別の部分――その部分のいくつかの編隊は各々の目標に向かうために隊列を離れ始めていた――に、向かって誘導されていた）。まっすぐに北に向かって飛ぶB-17のかなり大きな編隊を目標とし、IV. (Sturm) /JG3はその後方に廻り込んだが、多数の敵戦闘機が行動していたため、最初の接近行動はやむを得ず途中で打ち切った。

　間もなく、第IV飛行隊は主編隊群から離れたひとつのボックス編隊を発見し、攻撃に入った。訓練を重ねて来た鏃形密集編隊は、その前の接近中止による転針の際に乱れ、この時の攻撃は乱れたままのアプローチになった。それにもかかわらず、重装甲のシュトゥルムボックの群れが、動揺したフォートレスの間を通り抜け、離脱していく間に、この編隊が大きな打撃を受けていることはすぐに見て取れた。その打撃の大きさは帰還直後の全員の報告を検討した結果、明らかになった。IV. (Sturm) /JG3は四発重爆37機撃

墜という驚異的な戦果に確認をあたえられ、その上に撃破12機も確認戦果とされた。
　標準的な戦闘飛行隊の戦闘では、隊内の一握りの高戦果の腕達者たちたちの戦果が全体の大きな部分を占め、それ以外のパイロットたちの戦果はわずかに留まるが、強襲飛行隊の戦闘はそれとまったく対照的だった。命令が下されると、編隊の全機がほぼ一斉に火ぶたを切る。目標は全員の目の前に迫った敵編隊全体である。このため、戦果をあげるチャンスは誰にとっても同じだった。
　この戦闘でまず護衛なしのB-17のボックス編隊を攻撃し、それに続いて周辺空域でフォートレスと交戦したパイロットは42名と推定される。そして、そのうちの37名が少なくとも1機撃墜（または撃破）を認められ、10名が2機撃墜を記録した。戦死したハンス・ラハナーの後任として第12飛行中隊長となったオスカー・ロム少尉は、隊内でただひとり、3機撃墜の最高戦果をあげ、個人戦果を合計80機に伸ばした。しかし、彼はこの戦闘で高高度から落下傘降下し、それが原因となった障害のために2カ月にわたって飛行できなかった。
　モリッツ飛行隊長は彼の41機目の戦果となったB-17　1機を撃墜し、彼の指揮下の2人の飛行隊長、10./JG3のハンス・ヴァイク中尉と2./JG51のホルスト・ハーゼ中尉も、36機目と49機目の戦果をあげた。ヴェルナー・ゲルト少尉は2機撃墜戦果をあげた者のひとりであり、オスカー・ベッシュ、ヴィリー・マキシモヴィッツなど旧第1強襲飛行中隊のメンバーいく人もが、戦果をあげた者たちの列に並んだ。
　7月18日にミュンヘンの南西で展開されたこの戦闘の戦果は一段と大きかったのだが、オシャスレーベンの迎撃戦から10日ほどしかたっていなかったために、ラジオや新聞は前回のような大騒ぎはしなかった。しかし、この時は、功績を認められるべき者たちが正当に取り上げられた。空軍最高司令部は翌日、撃墜と撃破の報告をひとまとめにして、この戦闘の戦果を次のように公式発表した。
　"モリッツ大尉指揮下の第4戦闘航空団第Ⅳ飛行隊は、この部隊のみで四発重爆撃機49機を撃墜した"
　これは、オシャスレーベンの戦闘の24時間後に出された公式発表と比べると、かなり違った感じがある。前回の発表は次の通りだった。
　"彼らの航空団司令、ダール少佐自らの統率の下で戦い、飛行隊長モリッツ大

オシャスレーベンの戦闘の後の、浮かれたような高揚感が過ぎると、すぐに現実が目前に迫ってきた。それは具体的にはシャープなスタイルのマスタングとして現れた……

……マスタングはドイツ空軍の本土防空任務のFw190を次々に撃墜し、ドイツ側の損害は増大の一途をたどった。

尉以下の第3戦闘航空団第Ⅳ強襲飛行隊は、四発重爆撃機30機を撃墜する目覚ましい活躍を見せた"

　ヴィルヘルム・モリッツの強襲飛行隊の作戦指揮の技量と統率力は高く評価され、それは騎士十字章の即時授与という具体的な形に現れた。強襲飛行隊のパイロットの中では初めての騎士十字章受勲だった。

　しかし、第Ⅳ飛行隊は7月18日の迎撃戦で大きな損害を受けた。パイロット6名が戦死し、7人目は重傷を負い、その日のうちに死亡した。戦死者のうちの5名は実戦に出てから間もない者であり、初戦果を報告してからわずか数分後に撃墜された。2名は2機撃墜の実績を持つパイロットだった。その外にハンス・ヴァイクを含む6名のパイロットが負傷した。しかし、この日の損害はそれだけでは終わらなかった。

　この日、IV.（Sturm）/JG3はふたたび、四発重爆のボックス編隊のひとつに疑いの余地のない大打撃を与えた。しかし、オシャースレーベンでの戦闘の場合と同様に、米軍の重爆編隊の大半はドイツ戦闘機隊の迎撃線を通り抜け、各々の爆撃目標上空に到達した。モリッツ大尉と彼のパイロットたち

本土防空戦闘機隊の中でも独特な彼らの近接強襲攻撃任務を示すために、IV.(Sturm)/JG3のパイロットたちの多くは、"白眼"（眼の白い部分）のマークを飛行ジャケットの胸の部分につけた。この写真の人物、第10飛行中隊のハンス・シェファー軍曹は、左右2つの"白眼"付き（画面右下の縁にわずかに見えている）のジャケットをファッションモデルのように着込んでいる。彼は四発重爆8機を含む27機の個人戦果を記録した。

　は知らないことだったが、彼らの基地、メニンゲンは、第15航空軍がこの日に出撃させた四発重爆のほぼ半数の主爆撃目標だったのである。四波に分かれて上空に進入してきた約200機のB-17は飛行場全体にわたって投弾し、施設を激しく破壊して、大きな人的被害をあたえた。死者のなかには第IV飛行隊の地上要員12名が含まれていた。地上で60機近くの飛行機が破壊や大損傷の被害を受け（そのうちの多くは双発の駆逐機だった）、第IV飛行隊ではFw190　8機が廃棄処分され、13機が大きな修理を必要とする損傷を受けた。

　この大きな戦果と損害が重なった日のしめくくりとして書いておくべきであるのは、第483爆撃グループ——護衛なしの状態で強襲攻撃を受けたボックス編隊——の実際の損失はフォートレス14機であり、これはIV.(Sturm)/JG3の戦果報告合計の三分の一よりも少ないことである。しかし、強襲飛行隊の攻撃が強烈であり、なんとも言い表せない数分の間、あまり広くない空域いっぱいに混乱が渦巻いたため、米軍の側でも同様な判断の誤りがあった。帰還後に爆撃グループの機銃手たちは、戦闘機200機(!)による攻撃を受けたと報告し、彼らの戦果報告の合計は撃墜66機(!)に達した。

カラー塗装図
colour plates

解説は124頁から

1
Fw190A-6 "白の7" 1944年1月 ドルトムント
第1強襲飛行中隊 オットマー・ツェハルト中尉

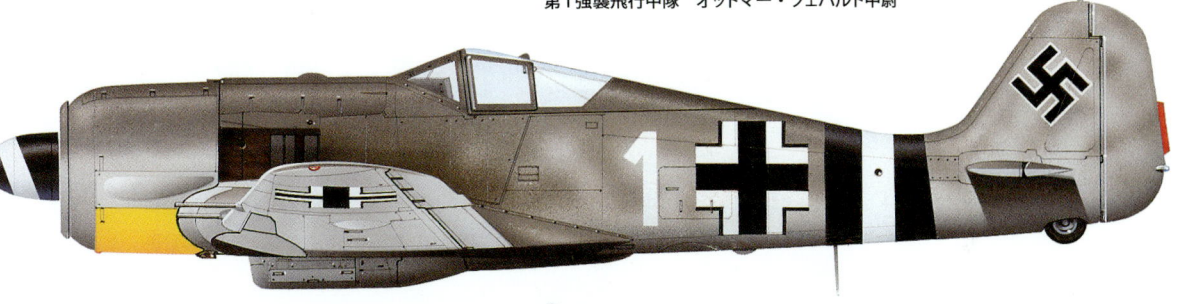

2
Fw190A-6 "白の1" 1944年1月 ドルトムント
第1強襲飛行中隊長 ハンス=ギュンター・フォン=コルナツキ少佐

3
Fw190A-6 "白の2" 1944年2月 ドルトムント 第1強襲飛行中隊
ゲーアハルト・フィフルー一等飛行兵

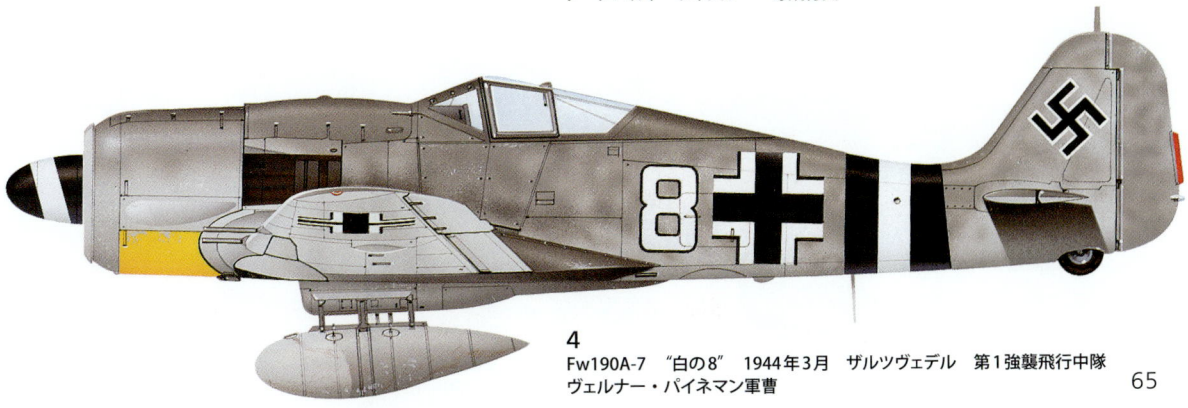

4
Fw190A-7 "白の8" 1944年3月 ザルツヴェデル 第1強襲飛行中隊
ヴェルナー・バイネマン軍曹

5
Fw190A-7 "白の10" 1944年3月
ザルツヴェデル 第1強襲飛行中隊

6
Fw190A-7 "白の20" 1944年3月 ザルツヴェデル
第1強襲飛行中隊長 ハンス＝ギュンター・フォン＝コルナツキ少佐

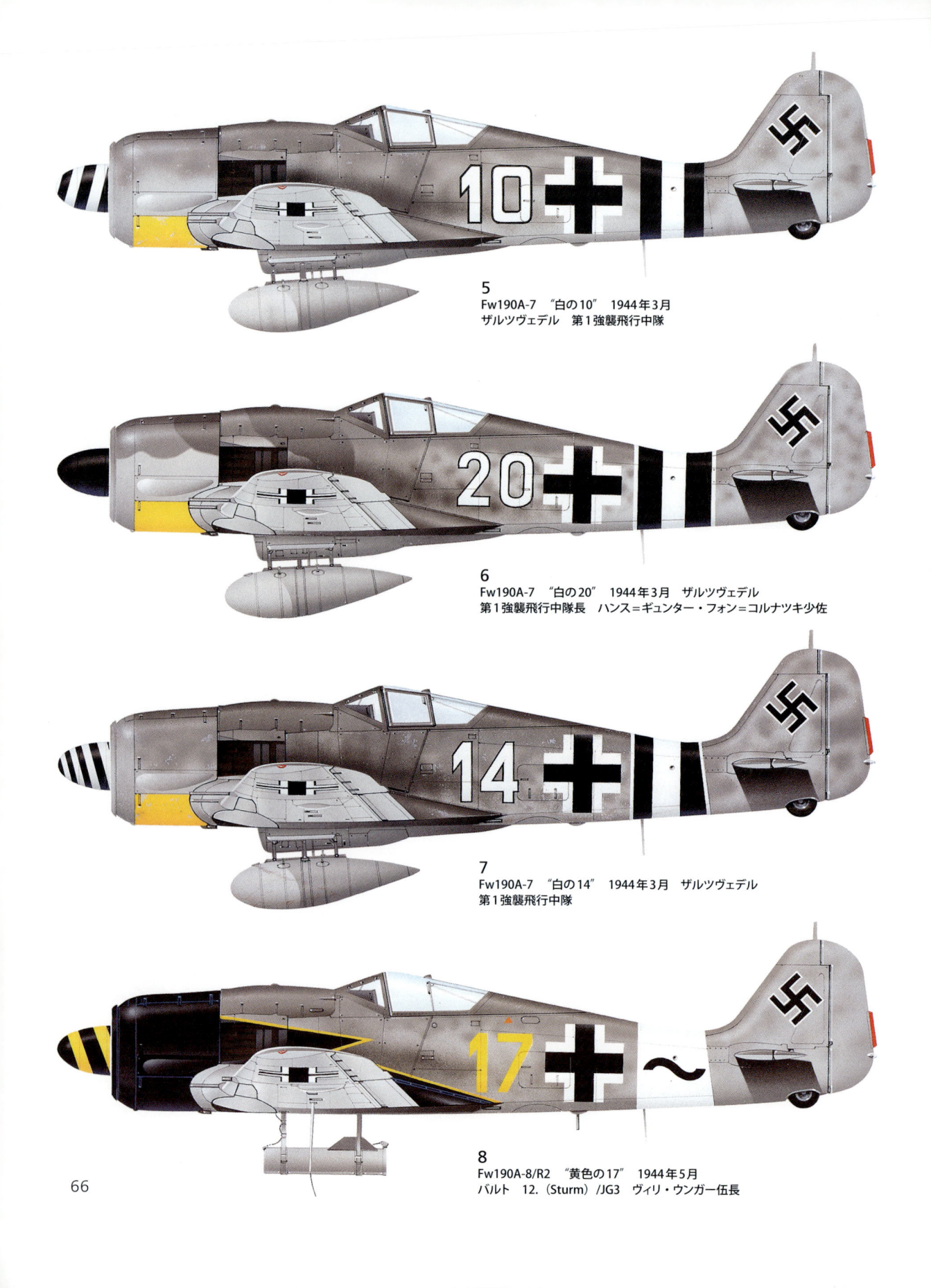

7
Fw190A-7 "白の14" 1944年3月 ザルツヴェデル
第1強襲飛行中隊

8
Fw190A-8/R2 "黄色の17" 1944年5月
バルト 12.（Sturm）/JG3 ヴィリ・ウンガー伍長

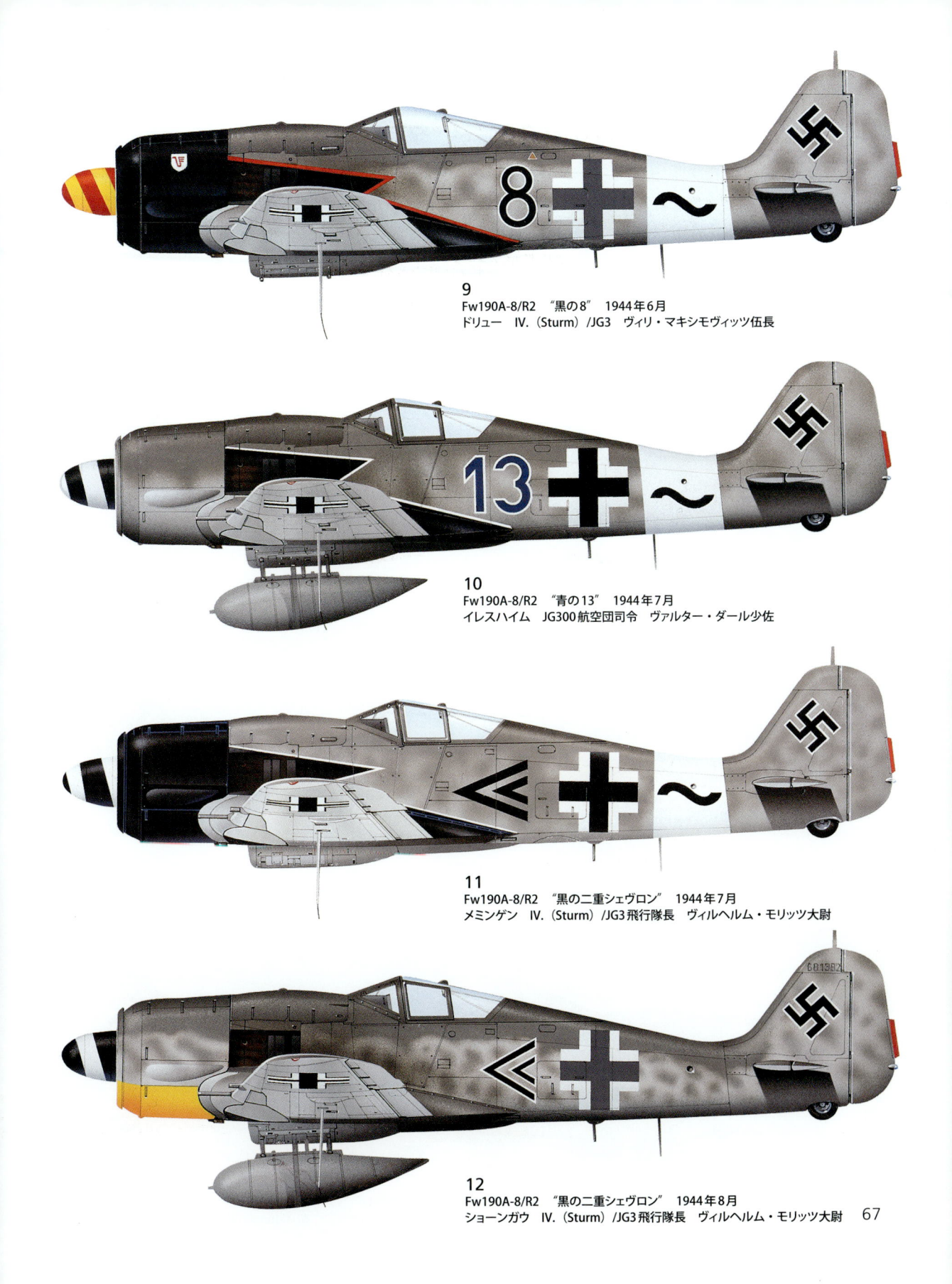

9
Fw190A-8/R2 "黒の8" 1944年6月
ドリュー　IV.（Sturm）/JG3　ヴィリ・マキシモヴィッツ伍長

10
Fw190A-8/R2 "青の13" 1944年7月
イレスハイム　JG300航空団司令　ヴァルター・ダール少佐

11
Fw190A-8/R2 "黒の二重シェヴロン" 1944年7月
メミンゲン　IV.（Sturm）/JG3飛行隊長　ヴィルヘルム・モリッツ大尉

12
Fw190A-8/R2 "黒の二重シェヴロン" 1944年8月
ショーンガウ　IV.（Sturm）/JG3飛行隊長　ヴィルヘルム・モリッツ大尉

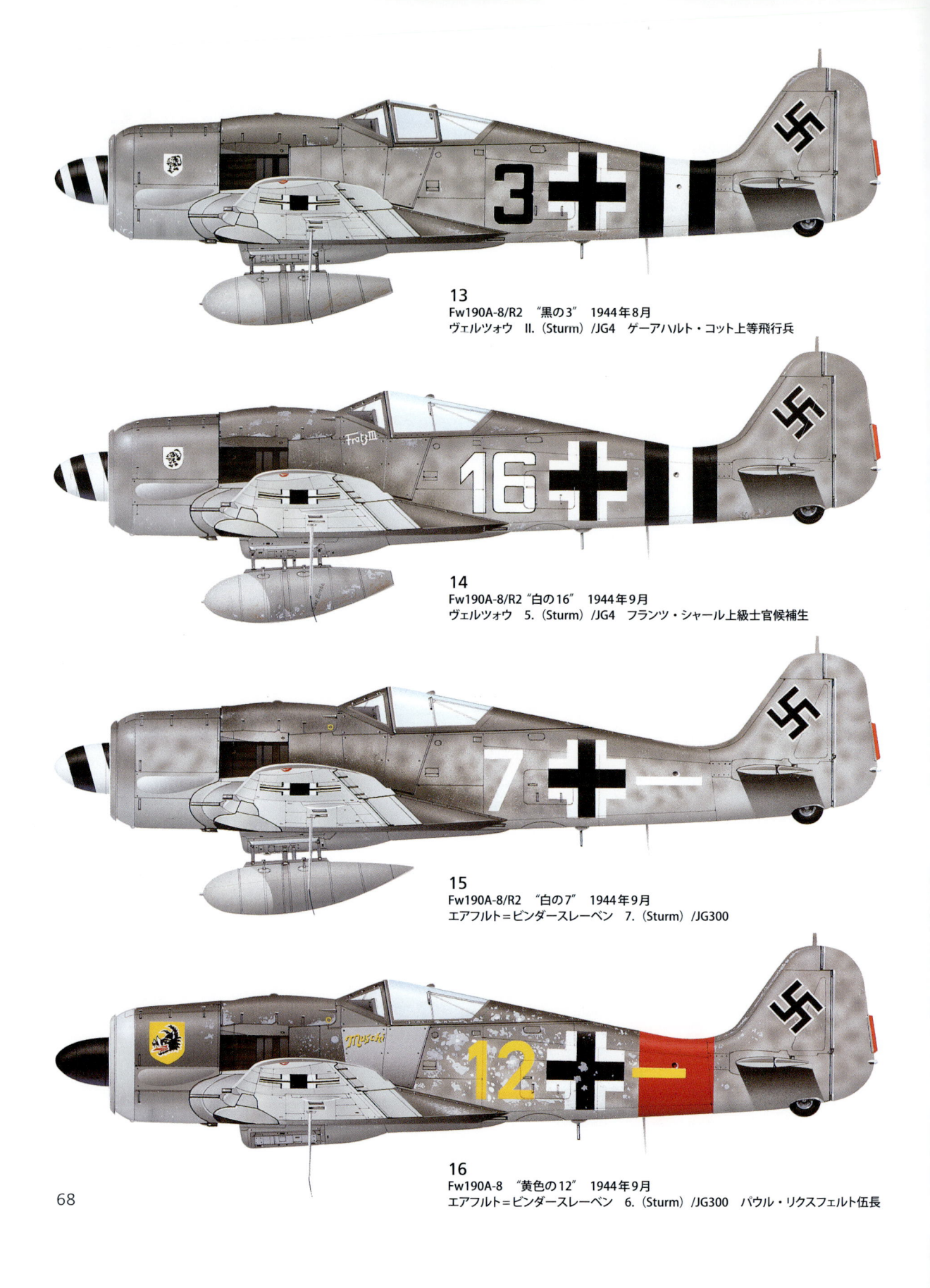

13
Fw190A-8/R2 "黒の3" 1944年8月
ヴェルツォウ II.（Sturm）/JG4 ゲーアハルト・コット上等飛行兵

14
Fw190A-8/R2 "白の16" 1944年9月
ヴェルツォウ 5.（Sturm）/JG4 フランツ・シャール上級士官候補生

15
Fw190A-8/R2 "白の7" 1944年9月
エアフルト＝ビンダースレーベン 7.（Sturm）/JG300

16
Fw190A-8 "黄色の12" 1944年9月
エアフルト＝ビンダースレーベン 6.（Sturm）/JG300 パウル・リクスフェルト伍長

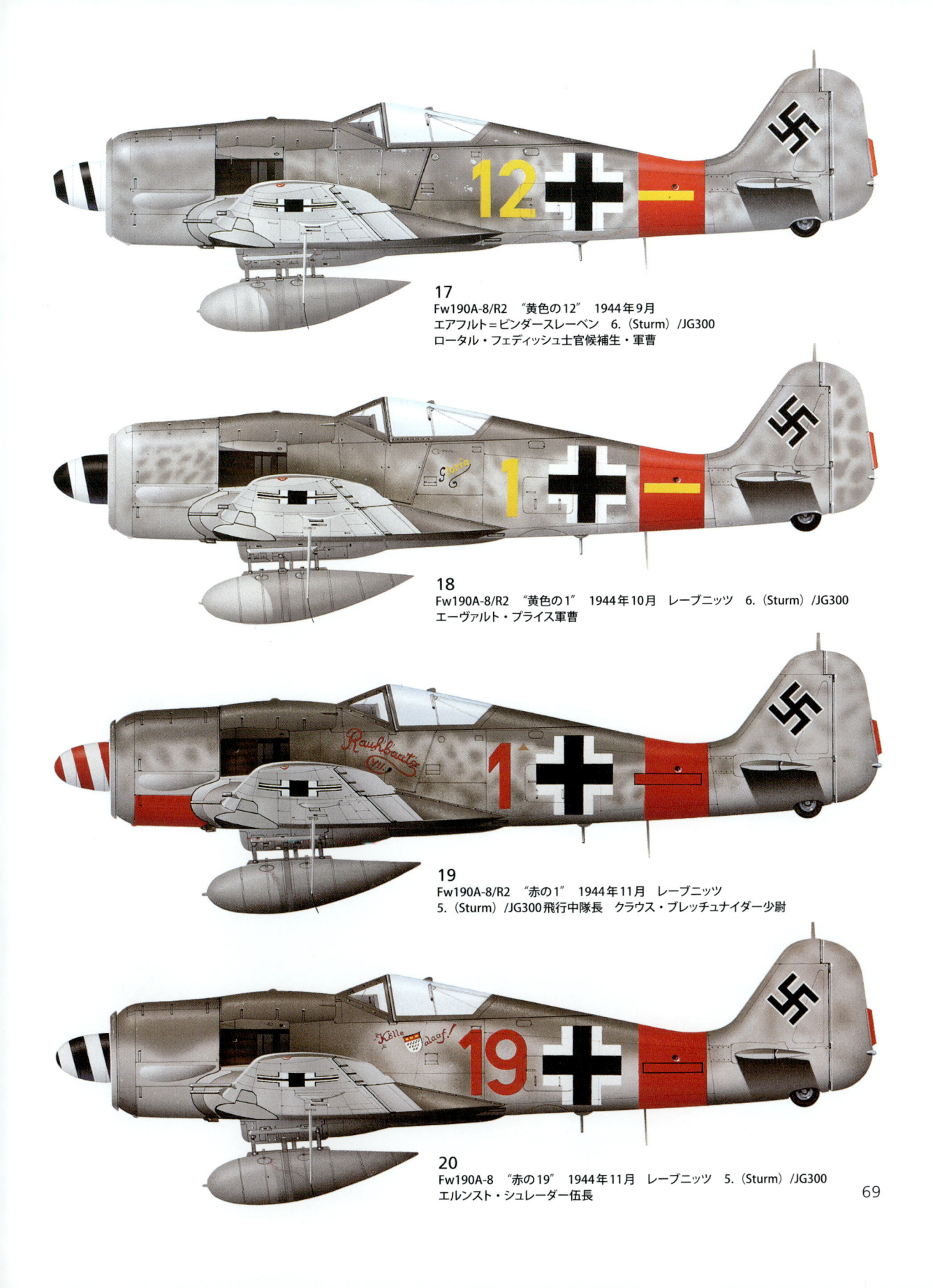

17
Fw190A-8/R2 "黄色の12" 1944年9月
エアフルト＝ビンダースレーベン 6.(Sturm)/JG300
ロータル・フェディッシュ士官候補生・軍曹

18
Fw190A-8/R2 "黄色の1" 1944年10月 レーブニッツ 6.(Sturm)/JG300
エーヴァルト・プライス軍曹

19
Fw190A-8/R2 "赤の1" 1944年11月 レーブニッツ
5.(Sturm)/JG300飛行中隊長 クラウス・ブレッチュナイダー少尉

20
Fw190A-8 "赤の19" 1944年11月 レーブニッツ 5.(Sturm)/JG300
エルンスト・シュレーダー伍長

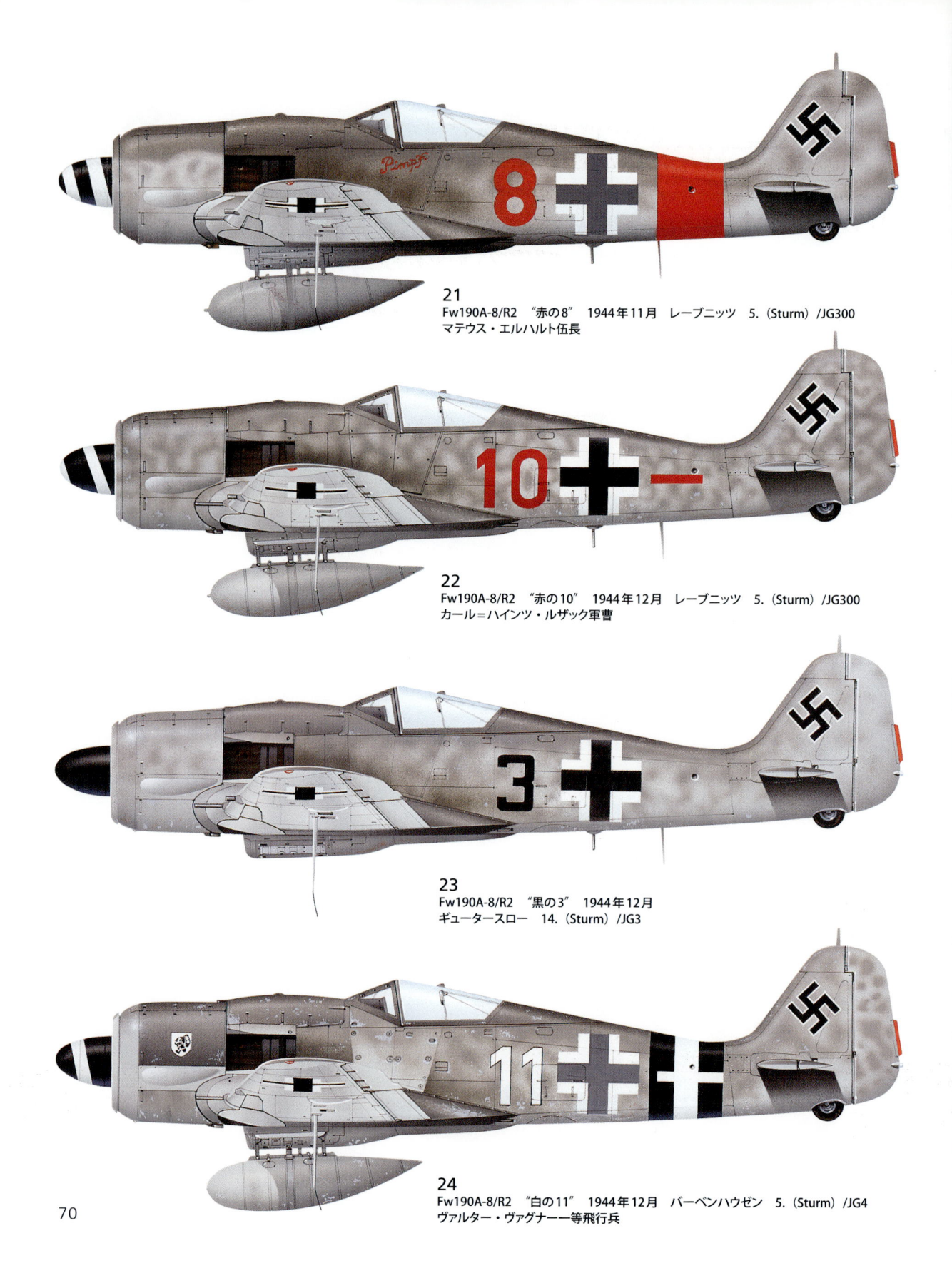

21
Fw190A-8/R2 "赤の8" 1944年11月 レーブニッツ 5.（Sturm）/JG300
マテウス・エルハルト伍長

22
Fw190A-8/R2 "赤の10" 1944年12月 レーブニッツ 5.（Sturm）/JG300
カール＝ハインツ・ルザック軍曹

23
Fw190A-8/R2 "黒の3" 1944年12月
ギュータースロー 14.（Sturm）/JG3

24
Fw190A-8/R2 "白の11" 1944年12月 バーベンハウゼン 5.（Sturm）/JG4
ヴァルター・ヴァグナー一等飛行兵

25
Fw190A-8/R2 〝00-L〟 1945年1月 サントロン 第9航空軍第404FG

26
Fw190A-8/R2 〝白の6〟 1945年1月 レーブニッツ 7.(Sturm)/JG300飛行中隊長
グスタフ・ザルッフナー少尉

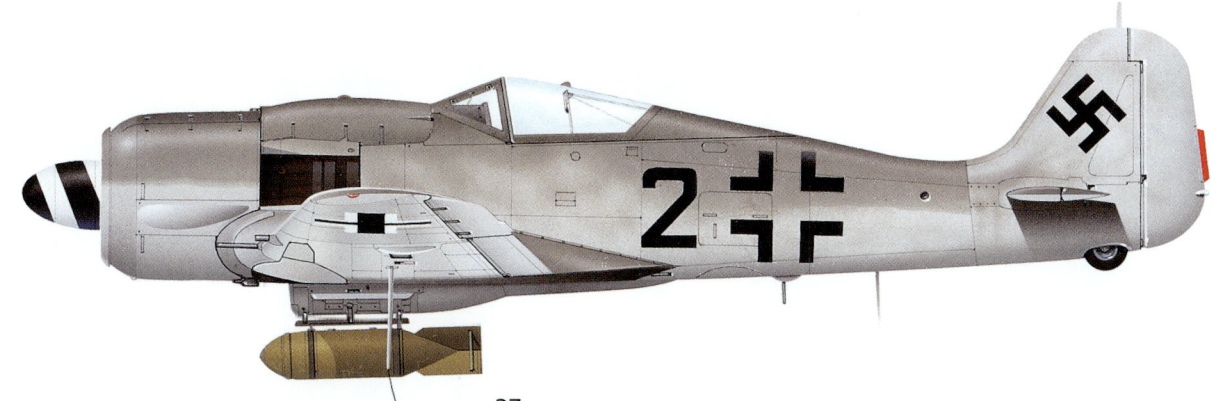

27
Fw190A-8 〝黒の2〟 1945年2月 プレンツラウ 14.(Sturm)/JG3

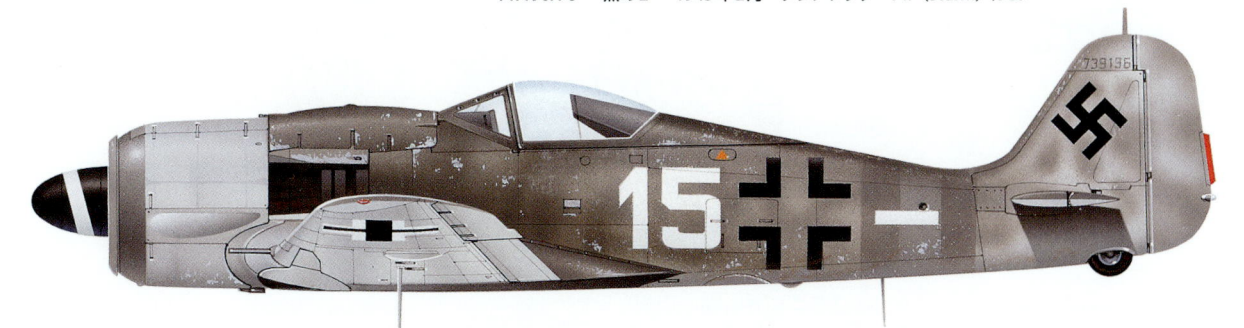

28
Fw190A-8 〝白の15〟 1945年4月 グリュックズブルク II.(Sturm)/JG4
アナトール・レバネ中尉

■ 部隊紋章

1
第1強襲飛行中隊
カウリングに描かれた

2
IV.（Sturm）/JG3
カウリングまたはコクピットの下に描かれた

3
II.（Sturm）/JG4
カウリングに描かれた

4
II.（Sturm）/JG300
機体には描かれなかった（？）

5
8.（Sturm）/JG300
カウリングに描かれた

6
7.（Sturm）/JG300
グスタフ・ザルフナー少尉の個人紋章

7
5.（Sturm）/JG300
クラウス・ブレッチュナイダー少尉個人の機名マーク。コクピットの下に描かれた

8
5.（Sturm）/JG300
エルンスト・シュレーダー伍長個人の機名マーク。胴体左側、コクピットの下に描かれた

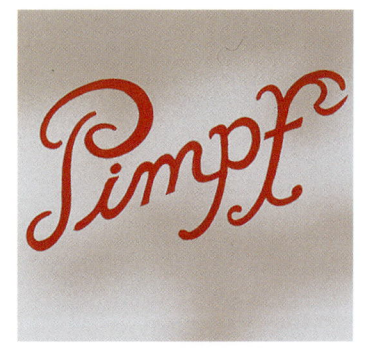

9
5.（Sturm）/JG300
マテウス・エルハルト伍長個人の機名マーク。胴体左側、コクピットの下に描かれた

メミンゲンの飛行場が爆撃による大被害を受けたため、第IV飛行隊のパイロットの多くはまずホルツキルヘンに着陸し、その日のうちに基地に帰還した。それから48時間のうちに2回出撃し、兵力低下した状態ではあったが、IV.（Sturm）/JG3はB-17を5機と8機撃墜した。損害はパイロットの戦死2名だった。7月20日には長距離進入してきた第8航空軍の重爆部隊を迎撃し、いつもの戦闘空域よりかなり東で戦った。帰途には給油のために途中で着陸せねばならず、Fw190は数時間遅れてメミンゲンに帰還し始めた。
　その合間に、この飛行場はふたたび第15航空軍のB-17による爆撃を受け、第IV飛行隊の地上要員15名が戦死した。モリッツ大尉はただちに部隊の移動を命じられた。新しい基地は50km近く北に離れたウルムの周辺、シュヴァイクホーフェンだった。
　この基地に到着してからの8日間、IV.（Sturm）/JG3の作戦行動はなく、最近発生したパイロット、地上要員、戦闘機の補充が進められた。7月27日、第10飛行中隊ではお祝いがあった。9日前に負傷した中隊長、ハンス・ヴァイク中尉の合計36機撃墜の戦功に対して騎士十字章を授与すると発表されたのである。その2日後、7月29日、第8航空軍がふたたび石油産業施設攻撃を図り、第IV飛行隊は作戦行動にもどった。強力な護衛を伴う600機近くのB-17の目標は、メルゼブルクに近いロイナの合成燃料工場であり、モリッツ大尉と彼のパイロットたちはこの爆撃機部隊を迎撃した（JG300の2個飛行隊のBf109との協同作戦）。
　空戦はライプツィヒ附近で展開され、米軍の13機を撃墜したが、そのうちの7機（B-17　6機とP-51　1機）は2./JG51のパイロットたちの戦果だった。この戦闘で唯一の戦死者もこの飛行中隊から出たが、中隊長、ホルスト・ハーゼ中尉が撃墜したフォートレス1機は彼の50機目の戦果となった。残りの戦果6機のうち、少なくとも3機は旧第1強襲飛行中隊のベテラン――ヴィリ・マキシモヴィッツがB-17　1機、ヴェルナー・ゲルトとヴォルフガング・コッセがP-51　1機ずつ――の戦果だった。名誉回復のために全力をあげて戦い続けているコッセ軍曹のスコアは、これで24機まで延びた。

ハンガリー上空での戦闘
ACTION OVER HUNGARY

　その翌日、今度は第15航空軍が枢軸国の石油生産体制に攻撃をかけてきた。重爆撃機部隊がハンガリーに向かって飛行中との通報があり、IV.（Sturm）/JG3は迎撃のために単独で出撃した。彼らは予想したB-24の編隊群を発見することができず、敵のこの部隊は迎撃を受けることなく目標を爆撃した。しかし、彼らは別のB-17の編隊――ブダペスト＝ドゥナ飛行場を目標としていた部隊――を発見した。フォッケウルフの編隊は攻撃コースに入ったが、強力な護衛戦闘機のスクリーンに進入することができず、それどころか強襲攻撃のため編隊が攻撃的なP-38ライトニングの群れによって崩されてしまった。
　そこで始まった乱戦状態の中で、強襲飛行隊はライトニング3機とバラトン湖（ブダペストの南西90km）周辺の地域に撃墜した。P-38のパイロットたちはFw190　4機撃墜と報告しているが、強襲飛行隊が被った実際の損害はパイロット2名が重傷を負っただけだった（重い損傷を受けた乗機で緊急着陸を試みた2./JG51のジークフリート・シュター少尉と、ミュンヘン＝ノ

イビベルクに着陸した際に乗機がとんぼ返りの状態に陥ったヴィリ・マキシモヴィッツ軍曹)。

　7月31日、第IV飛行隊はオーストリア国境に近いショーンガウ(ミュンヘンの南西55km)に移動した。ここは第15航空軍の四発重爆の編隊隊列がドイツ南西部の目標に向かうコースの真下だった。しかし、移動後、最初の第15航空軍の爆撃作戦——8月3日、フリードリヒスハーフェン＝インネンシュタット地区の多数の工場と鉄道操車場に対して協同攻撃を実施した——の際には、モリッツの飛行隊は悪天候のために進入してくる敵編隊を早期に迎撃することができなかった。

　強襲飛行隊は1030時過ぎにショーンガウを離陸し、護衛についたI./JG300のBf109と共に、1時間近くも敵の爆撃機編隊を捜索した。彼らがやっと約30機のB-24の編隊を発見した時(位置は彼らの基地からあまり遠くなく、50kmほどしか離れていなかった)、この米軍編隊はすでにアルプス山地上空に入り、基地に向かって南へ飛んでいた。彼らは決意を固めた強襲攻撃によって、ちょうど6分間のうちに19機のリベレーターを撃墜した(465爆撃グループの記録によれば、この攻撃による実際の損失は11機だった)。しかし、この大きな戦果の代償もまた大きかった。フォッケウルフ9機が撃墜され、人的損害はパイロットの戦死5名、行方不明1名、負傷1名に達した。そして、この日の戦闘はこれだけでは終わらなかった。

　苦境に立ったドイツ第3帝国を追いつめる戦略爆撃作戦は、その範囲と重圧を日々増大していた。その明白な現れのひとつとして、この日の午後、英国に基地を置くUSAAF第8航空軍もドイツ南西部の目標を攻撃するために、強力な護衛戦闘機を伴う約350機のB-17を出撃させた。午前中の戦闘で兵力を消耗していたIV.(Sturm)/JG3が、この新たな脅威に対して出撃させることができた兵力は6機に過ぎなかった。そのうちの1機はストラスブールの北方で爆撃機編隊の防御銃火によって撃墜されたが、パイロットは落下傘降下して無事だった。他の5機はフォートレス各1機の確認戦果をあげた。

　この飛行隊が一日のうちに2ダースの四発重爆を撃墜したのは、この日が最後となった。その後、大戦終結までの9カ月間に、一日の戦果が20機を超えたのは3回だけだった。戦果の数がそのように変わっていく一方で、損害の数は着実に増加し続けた。そして、第IV飛行隊の歴史全体のなかで最悪の日が1週間たらず先に迫っていたのである。

■ マスタング、強襲飛行隊を袋叩き
MUSTANG MAULING

　8月9日、第8航空軍は爆撃機戦力の大半をドイツ南部と南西部の輸送機関目標に向けた。IV.(Sturm)./JG3は6日前の大打撃から立ち直り、進入してくる米軍の四発重爆部隊迎撃のために全力出撃した。しかし、この日は、爆撃機隊列の前方に配置された護衛戦闘機の強力なスクリーンによって、目標への接近を阻止されてしまった。

　強襲飛行隊はいつも通りの横に拡がって鏃形の編隊を組み、進入してくる敵の編隊群を目指し、黒い森山地(シュヴァルツヴァルト)の上空を北に向かって飛んでいる時、太陽を背にした約100機のP-51の降下攻撃を受けた。強襲部隊志願者の宣誓文の条項——"敵機に接近する途中で編隊内に損失が発生した時は、ただちに指揮官機との間隔を詰め、脱落した機の位置を埋める"——を実行す

る可能性はまったくなかった。編隊は崩れ、ばらばらに散った各機のパイロットは個々に行動することになった。しかし、彼らは、戦死3名、負傷1名の損害を受けただけで、この空域から逃れることができた。

　フォッケウルフ2機だけが、敵の前方スクリーンを切り抜け、近接護衛を突破して重爆編隊を攻撃し、B-17を各々1機撃墜した。2名のパイロットはいずれも飛行中隊長である。そのひとりは3週間前に負傷したハンス・ヴァイクに代わって10./JG3中隊長となったエックハルト・ティヒー中尉である。ティヒーは彼自身、9./JG3中隊長として戦っていた3月に重傷を負った経歴がある。フォートレスを攻撃していた時、彼のBf109のキャノピーが敵の射弾によって破損し、その破片によって片目の視力を失ったのである。戦果をあげたもうひとりは11./JG3中隊長のヴェルナー・ゲルト少尉である。彼はこの日、P-51　1機も撃墜した。

　強襲飛行隊によるマスタングとの戦いは、まだ終わってはいなかった。シュトルムボックは集合して、ショーンガウへの帰途についていた。そして、その編隊の後方を約40機のP-51が、相手に気づかれずに追っていた。やがて基地の上空に到達したフォッケウルフが順次着陸パターンに入るために編隊を解いた時、マスタングが襲いかかった。ここで7機のFw190が撃墜され、パイロット5名が戦死し、2名が負傷した。

　1944年8月9日がⅣ.(Sturm)/JG6にとって特に厳しい日だったことは確かである。しかし、敵の対戦闘機防御の強化、爆撃作戦の頻度と強烈さの増大、それに伴う撃墜戦果の減少と損失の増大は、本土防空戦闘機隊全体に拡がっている状態だった。ある時、フォン＝コルナツキが将来の不安を述べたことがあったが、それが現実のものになり始めていたのである。米軍の重爆撃機は"強烈なノックアウトパンチ"をまだ受けておらず、ドイツの戦闘機隊はいまや格段の兵力差の重圧によって圧倒される危機に迫られていた。

　空軍最高司令部はこの状況を解決しようと絶望的な努力を重ねた。これまでに前線の戦闘機部隊の兵力を削って本土防空体制の強化を図ってきたが、これ以上それを進める余地はなくなっていた。それに加えて、USAAFが長期にわたって続けてきたドイツの石油産業に対する爆撃の効果が、ここで現れ始めた。まだ、前線の部隊には影響が及んでいなかったが、しばらく後には、貴重な航空燃料を一滴たりとも節約するために、飛行機は自力で移動滑走せず、滑走路の端まで数頭の牛に曳かせる状態になった。しかし、この時期でもすでに、訓練学校での飛行時間は削減され、新しいパイロットを送り出す流れを維持するために訓練コースの期間は短縮された（訓練期間短縮は乗員の消耗の増大を埋めるために必要だったが、新しく前線部隊に送られるパイロットの技量は著しく低下した）。弱点が弱点を生む連鎖の解決策として空軍最高司令部は、戦闘飛行隊の編制を従来の3個飛行中隊から4個に増大した。JG3ではこの編制変更が8月10日に実施された。従来、Ⅳ.(Sturm)/JG3の飛行中隊の隊番号は第10、第11、第12だったが、この編制変更によって第13、第14、第15となった。それと同時に第Ⅳ飛行隊の下に配属された2./JG51はこれまで数週間にわたって、この飛行隊内で4番目の中隊に準じた立場に置かれていたが、ここで正式に編入されて16.(Sturm)/JG3となった。

　その5日後、新しい体制になったモリッツ大尉のⅣ.(Sturm)/JG3は、ドイツ空軍の2番目の強襲飛行隊と並んで出撃した。

chapter 4
最高の兵力、減少する戦果
PEAK STRENGTH, DIMINISHING RETURNES

　ドイツ空軍が2番目の強襲飛行隊を編成したのは、オシャースレーベンの戦闘の直接的な結果だった。驚くには当たらないことだが、強襲任務に転換する部隊として選ばれたのは、ダール少佐のJG300の中でFw190を装備している第II飛行隊だった。飛行隊長、アルフレート・リンデンベルガー少佐以下のII./JG300はこの時期、ウンターシュラウアーズバッハを基地としていた。オシャースレーベンの迎撃戦の日、その南西20kmあまりのハルバーシュタット＝ケデリンブルク地区の上空でJG300の3個飛行隊が迎撃戦を展開したが、第II飛行隊はその中で最高の戦果をあげた。四発重爆14機とP-38　2機を撃墜し、損害はパイロット3名の負傷に留まった。7月7日以降の5週間にわたって、II./JG300は強襲戦術の訓練を重ね、それと併行して通常の防空任務出撃も続けた（7月18～20日の3日間だけでも、迎撃戦闘で米軍の重爆22機と戦闘機10機を撃墜した）。

　第8航空軍の8月15日の爆撃目標はドイツ本土と、占領下のオランダとベルギーのドイツ空軍飛行場だった。第1爆撃師団（1BD）の200機あまりのB-17はケルン、フランクフルト、ヴィースバーデンの3カ所の飛行場爆撃に向かい、2つの強襲飛行隊はこの部隊を迎撃することを命じられた。

　フォッケウルフは1000時頃、ショーンガウとホルツキルヘン——7月13日にII.(Sturm)/JG300はこの基地に移動していた——から出撃し、護衛に当たるJG300の第I、第III両飛行隊のBf109と共に、北西方への長いコースを飛んだ。その日はすばらしい夏の一日で、雲はほとんどなく、視界は無限といえるほどだった。約90分間飛び、ちょうどモーゼル渓谷を越えた頃、彼

このFw190A-8/R2、製造番号681382は、右頁の上段の写真、"白の5"と同じくフィーゼラー社製、同じ製造ブロックの機であり、モリッツ大尉のシュトゥルムボックである。"目隠し"防弾ガラスがキャノピーに取りつけられている。カウリングの黒塗装とIV.(Sturm)/JG3の胴体後部の識別バンドがなくなり、新たな"目立たない"塗装・マーキングに変わっている。1944年8月、ショーンガウ基地で撮影された。

上と下●これらのII.（Sturm）/JG300のシュトゥルムボックは、この飛行隊の強襲任務がスタートした時期、1944年8月下旬にホルツキルヘン基地で撮影された。"白の5"（上段の写真）の機体の陰で横になって休んでいるのはフリートリヒ・アルテン伍長。彼は9月11日にカッセル附近で、この機（製造番号681366）と共に墜落した。

らは進入してくる四発重爆の編隊を遙か遠くに発見した。この戦闘グループの指揮官として出撃していたJG300司令、ダール少佐は、左へ大きく転針するように命じた。Fw190の2個飛行隊が前進して追尾攻撃の位置に向かうためである。

シュトルムボックの編隊は、一時的に近接護衛のP-51がついていない状態になっていたフォートレスのボックス編隊を選び、接近して機関砲弾を撃ち込んだ。2つの飛行隊の戦果はほぼ同じで、IV.（Sturm）/JG3はB-17 10機、初戦闘のII.（Sturm）/JG300は9機を撃墜した（これは米軍が記録している損失の2倍以上の機数である）。しかし、この数字はダールが戦後の著書『体当たり戦闘隊』の中で書いている84機撃墜という天文学的な戦果

数──しかも、そのうちの7機は彼が直率していた航空団本部小隊、6機のFw190の戦果だと述べている──に比べれば、遙かに低い。戦闘グループの損害はパイロットの戦死6名、負傷2名、被撃墜12機だった。死傷者の大半は護衛のP-51と格闘戦を交えたI./JG300の損害だった。

　戦闘の後、モリッツの飛行隊はフランクフルト＝エシュボルンに着陸するように命じられ、USAAFが再びライン＝マイン地区の目標を攻撃してくる場合に備えて、数日間そこで待機した。II. (Sturm)／JG300のFw190はいくつもの飛行場に着陸して給油を受けた後、ホルツキルヘンへの長いコースに飛び立った。12機ほどのグループは、すでに燃料不足警告の赤灯がウインクし始めていたために、やむを得ずモーゼル河の北方の小さな草地の飛行場に着陸した。降りてみると、そこはグライダー訓練だけに使われている施設だった。午後の暑い陽差しの中で6時間待った後、わずかな量の航空燃料を積んだトラックが到着した。全機はその燃料で近くの戦闘機基地まで短い距離を飛び、そこで燃料と弾薬の十分な補給を受けることになっていた。

　燃料タンクは空に近く、弾薬も残っていない状態ではあったが、フォッケウルフがハンカチ同様の小さい草地から離陸するのはひどく難しかった。機体が重いシュトゥルムボックは1mほどの高さの草の中を滑走して、ぎりぎりの線でやっと浮揚し、グライダー学校の小屋の屋根を車輪が接触しそうな高さでようやく越えることができたと、パイロットのひとりが語っている。全機が無事に離陸し、最終的に朝の出撃から11時間後にホルツキルヘンに帰還した。

　2つの強襲飛行隊の戦果は賞讃に値するものだったが、それでもやはり、強襲戦術が敵にあたえるだろうと計画され、期待をかけられていた"決定的な一撃"には遙かに及ばなかった。8月15日に敵の四発重爆19機が本当に撃墜されていたとしても、これは"力強い第8航空軍"にとっては、受容することができ、耐えることができる範囲の損害だった。米軍はこれまで、ドイツ本土の軍事力と工業生産力に対する昼間爆撃の規模拡大に力を傾けており、この程度の打撃でこの戦略継続の意志が挫けることはなかった。

　翌日の戦闘は決定的に印象が薄い戦績で終わった。ドイツ中部全体にわたる石油産業と航空関係の目標を目指して進入してきた1,000機以上の四発重爆のうち、強襲飛行隊は8機を撃墜した。そのうちの7機はIV. (Sturm)／JG3の戦果であり、この日のただ1名の戦死者もこの部隊からでた。偶然なのか、意図的だったのかは不明だが、片目が見えないエッケハルト・ティヒー中尉は攻撃目標としていた第91爆撃グループ（91BG）のフォートレスと衝突し、爆撃機と戦闘機双方とも墜落した。ティヒーが2週間たらずの間指揮していた中隊、13. (Sturm)／JG3（元10./JG3）は腕のよいヴァルター・ハ

モリッツ大尉が滑走に移り、"黒の二重シェヴロン"（画面の右端）が土煙を立て始めている。"黒の12"（画面の左端）はまだカウリングの黒塗装とその後方の黒い"稲妻"模様を残している。

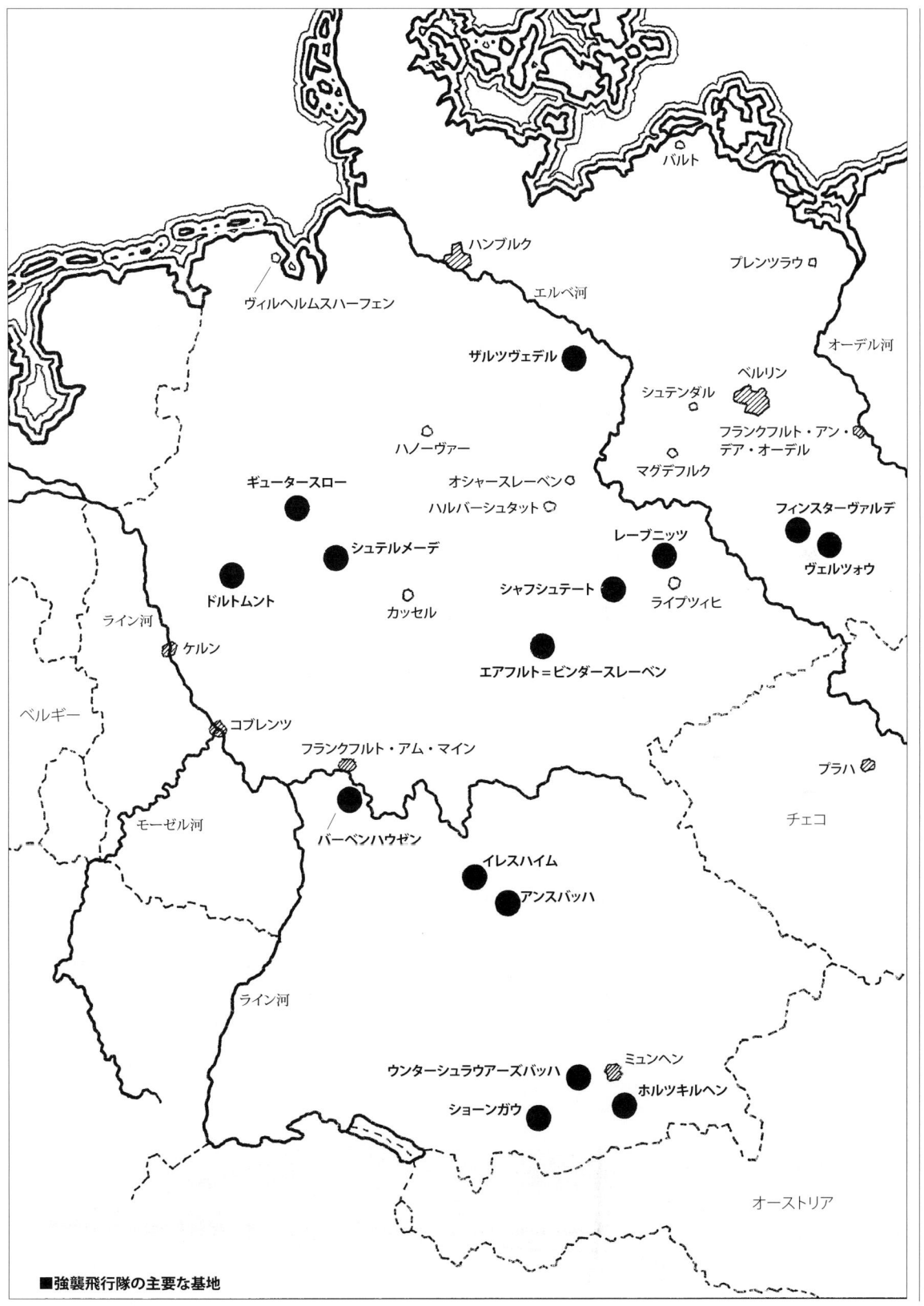

■強襲飛行隊の主要な基地

ゲナー少尉が引き継いだ。ティヒー自身は1945年1月27日に騎士十字章を死後授与された。彼の撃墜戦果25機のうちの11機（最初の体当たり撃墜も含む）は四発重爆だった。

8月19日、IV.（Sturm）/JG3のFw190はフランクフルトからショーンガウに帰還するように命じられた。しかし、彼らはすぐに再び移動することになった。48時間後に、ウィーンの南東10kmほどのゲッツェンドルフに移動したのである。第15航空軍が再びウィーン周辺への爆撃作戦を行うと予想されたためである。

ドイツ空軍情報部の予想は正しかった。8月22日、B-24の大規模な兵力がイタリアの基地から出撃し、オーストリアの首都周辺の石油産業施設目標──ロバウ地区の地下石油貯蔵施設も含まれていた──の爆撃に向かった。英国本土の天候が悪く、第8航空軍は全面的に出撃不可能だったため、ドイツ空軍は全兵力──全部で9個戦闘飛行隊──を南方からの脅威に対する迎撃に向かわせた。

迎撃兵力の先頭に立った2つの強襲飛行隊は、護衛に当たるI./JG300、I./JG302と共に飛び、ウィーンの南東約130km、ハンガリー国境に近い地点でB-24の大編隊と遭遇した。そこで始まった強襲攻撃によって、リベレーター15機を撃墜した。この時もモリッツ大尉の"年寄り兎"（アルテン・ハーゼ）の方が、まだ比較的経験の少ないII.（Sturm）/JG300よりも1機多い戦果をあげた。

着陸して大至急で給油と給弾を受けた2つの強襲飛行隊は、敵の重爆編隊の帰途を攻撃するために再出撃した。彼らはB-24の編隊は発見できなかったが、同じ空域を飛んで基地に帰る第15航空軍の別の重爆編隊と交戦し、両飛行隊は各1機のB-17を撃墜した。II.（Sturm）/JG300はその外にP-38 4機をスコアボードに加えた。

この日の情報部の予想は当たったが、常に当たるとは限らなかった。IV.（Sturm）/JG3は戦闘の後、ただちにショーンガウに帰還したが、翌朝の1000時過ぎには再び緊急出撃した。敵の強力な四発重爆編隊がウィーン地区に向かっているとの通報が入ったためである。彼らのフォッケウルフ編隊は東への針路を取り、途中でII.（Sturm）/JG300の編隊と合流した。しかし、この出撃で2つの強襲飛行隊の護衛についていたのは、ダール少佐の航空団本部小隊の6機のみだった。

この日はオーストリアの首都の南南西で接敵した。モリッツ大尉は編隊を率いて、近接護衛がついていないB-24のボックス編隊（マルカーズドフ飛行場爆撃に向かう途中の451BG）に対し、二度にわたって攻撃をかけた。"6機

7月18日の負傷から回復したハンス・ヴァイク中尉は、まだ歩行にステッキをつき、右腕は吊った状態ながら、1カ月ほど前まで彼が指揮していた第10飛行中隊を8月22日に訪問した。彼は7月27日に騎士十字章を授与されたので、それを部下たちと祝うためである。ヴァイクのすぐ左側にはヴァルター・ハゲナー少尉とハンス・シェファー軍曹が立っている。

レーブニッツ基地で8.(Sturm)/JG300の整備員がコクピット内に上半身を傾けて、何か最終的な調整に当たっている……

……パイロットが離陸に進むためにエンジンの出力を上げ始める前に、飛行中隊長、シュペンシュト少尉（画面の右端）がこの機のコクピットに歩み寄っていく。何か彼自身から出撃直前に大事な指示をあたえるためかもしれない。この隊の機はいまや本土防空戦闘機隊の幅広の識別バンド（この飛行隊の場合は赤）を誇らかに塗装している。

任務を完了したこの中隊の1機が、見事な三点着陸の姿勢で接地しようとしている。落下タンクは装着したままなので、任務は短い飛行テストだけだったのだろう。

81

から10機の横隊編隊が雲のカバーの中から現れ、機関砲を発射しながら接近してきた"と、リベレーターの乗組員のひとりが語っている。Fw190のパイロットたちは最初の一航過攻撃で5機のB-24を撃墜し、3分後の二度目の攻撃で4機を仕留めた。後者の1機はモリッツの戦果だった。このドイツ側の戦果報告は451BGの9機喪失の記録と符合している。これは大戦の末期にドイツの戦闘機が第15航空軍にあたえた最後の大打撃のひとつとなった。

一方、B-24の機銃手たちが撃墜、または撃破したと報告しているフォッケウルフの合計は29機に達した。これは桁外れに過大な数だが、実際にモリッツの飛行隊が受けた打撃は大きかった。損害はパイロットの戦死4名と行方不明1名だった。

IV.（Sturm）/JG3は実際上、何の妨害も受けずに爆撃機を攻撃することができた。護衛のP-51のかなり多くの機数が、ほぼ全面的にII.（Sturm）/JG300との交戦に向かったためである。この飛行隊は少なくとも5名の戦死

別の"黒ん坊"（黒い作業衣を着た地上整備員を意味するドイツ空軍の俗称）が、担当している機の前に立って、パイロットの到着を待っている。

6.（Sturm）/JG300の"黄色の9"。ハンネス・タイッス軍曹はこの機に乗って、四発重爆5機を含む、10機撃墜の戦果をあげた。

者を出したが、同じ数のマスタングを撃墜した。

　第15航空軍に対する2つの強襲飛行隊の迎撃出動は、その後、8月のうちに少なくとも5回あった。8月24日にはB-17とB-24の部隊がドイツ南部とチェコスロヴァキアの石油精製施設を攻撃した。両飛行隊は合計5機のB-24撃墜を報告したが、両隊ともパイロットの戦死1名、負傷1名ずつの損害を受けた。その翌日、第15航空軍はチェコのブルノ地方とプロステヨフ地方の飛行場と航空機工場を爆撃し、迎撃した両飛行隊は1機の戦果もあげることができず、パイロット5名が戦死した。

　8月29日の0900時をわずかに過ぎた頃、IV.(Sturm)/JG3の1ダースほどのFw190はベルリン南方、ユターボグから離陸し（彼らは2日前からここに臨時派遣されていた）、III./JG300のBf109と共に南東の方向、チェコの国境へ向かった。途中でダール少佐のJG300の残りの部分が —— II.(Sturm)/JG300も含まれていた —— が合流した。延々と90分飛んだ後、カルパティア山脈の麓の上空で、この戦闘グループは強力な護衛戦闘機を伴うB-17の編隊を発見し、2つの強襲飛行隊は激しい攻撃をかけた。IV.(Sturm)/JG3は四発重爆4機 —— 2BGの機と思われる —— を撃墜し、損害はスロヴァキア西部のトレンチーン上空で撃墜されたパイロット1名だった。II.(Sturm)/JG300は損害なしでフォートレス4機撃墜、2機撃破(ヘアアウスシュッサ)の戦果もあげた。

　この日の戦闘は事実上、強襲飛行隊がヨーロッパ南部と南東部でUSAAF第15航空軍に対して重ねた作戦行動の最後となった。シュトゥルムボックはイタリアから北上してくる四発重爆の群れに明らかな損害をあたえたが、最も重要な"決定的な打撃"をあたえることはできなかった。第15航空軍の四発重爆は、英国に基地を置く第8航空軍の重爆部隊と同様に、兵力増大と練度向上を続ける護衛戦闘機部隊によって強力に掩護されていた。敵の護衛戦闘機によって、強襲飛行隊が目標に追尾接近する時の緊密な編隊が崩されれば、フォン＝コルナツキ少佐の創案になよる協同密集攻撃戦術の実行はきわめて難しくなり、効果は低下した。そのような状況の下でも、強襲飛行隊のパイロットたちは、地上戦の推移によってそれが不可能になるまで、本土防空昼間戦闘での彼らのユニークな戦術による任務を果たそうと努め、最善を尽くして戦い続けた。その後、3カ月にわたって、彼らの主な戦場はドイツ中部と西部とに移り、戦う敵は第8航空軍の爆撃機と戦闘機とになった。彼らの人数は、3番目の（そして最後の）強襲飛行隊が戦列に加わったために増加し、条件がよければ、彼らはまだ強力な戦力であることを実証し

"黄色の1"のコクピットに座っているのは第6飛行中隊のパイロット、エーヴァルト・プライス軍曹。これは彼の乗機で、"グロリア"という機名が書かれている。プライス軍曹は大戦終結まで生き残れなかった。1945年3月24日に6.(Sturm)/JG300は7名戦死の大損害を受け、彼はそのうちのひとりとなった。

て見せた。

基地の移動
BASE MOVEMENTS

　8月30日、IV.（Sturm）/JG3はバイエルン州南端のショーンガウから、ベルリンの南西180kmのシャフシュテート飛行場へ基地の移動を命じられた。II.（Sturm）/JG300もほぼ同時に、ホルツキルヘンからエアフルト＝ビンダースレーベン——ベルリンの南西250km——へ移動した。2つの強襲飛行隊は、新しい基地に移った最初の1週間、平穏な日々が続いた。

　一方、長らく待望されていた3番目の強襲飛行隊が、長い期間と高いコストをかけた態勢準備の終わりにようやく近づいていた。この飛行隊、II.（Sturm）/JG4は、第I駆逐航空団第III飛行隊——Ju88C-6を装備し、フランスのボルドーを基地として大西洋で戦っていたが、7月に解隊された——の乗員と地上要員を中心として編成された。パイロットたちはホーヘンザルツァでFw190への転換訓練を受けた後、ザルツヴェデルに移動し、1944年7月12日付で新設されていたこの飛行隊に合流して、強襲攻撃戦術の訓練に入った。

　彼らはこの上もない適任の人物、"強襲戦術の父"といわれるハンス＝ギュンター・フォン＝コルナツキ中佐（1944年春に進級。II./JG4飛行隊長）の下でこの訓練を受けることになった。中佐は彼自身の飛行隊が、彼のアイディアである"密集編隊による追尾攻撃"を実戦で展開する最高の機会を得ることを強く望み、自分の部隊に第1強襲飛行中隊の中核だったパイロットたちを集めた。強襲戦術によって最初の撃墜戦果をあげたオットマー・ツェハルト中尉もその中のひとりであり、7.（Sturm）/JG4の飛行中隊長に任じられた。

　訓練では、事故によってパイロットの死者2名と負傷者数名が発生したが、終了後、8月31日にII.（Sturm）/JG4はヴェルツォウに移動した。ここはベルリンの南東180kmの地点であり、周囲に森林が拡がった飛行場はこの飛行隊の全兵力、70機あまりのシュトゥルムボックを運用するのに十分な広さがあった。

　3つの強襲飛行隊は各々配置につき、第8航空軍の次の大規模作戦を待

第6飛行中隊のシュトゥルムボック1機が移動滑走して駐機地を出ていく。この駐機地は樅の若木の林の中にあり、十分にカムフラージュされていた。1944年秋の初めの撮影。

上と下●出撃準備を終わって待機するII.(Sturm)/JG300の機の列。1944年9月の場面。閲兵式のようにきちんと密集整列していて、敵の航空攻撃をまったく怖れていないかのように見える……

ちかまえた。

　それは9月11日にやってきた。この日の作戦番号623では、合成燃料工場と石油精製工場8カ所、兵站デポ1カ所、数カ所の工業施設など多数の目標に対して、四発重爆1,000機以上と400機以上の護衛戦闘機が出撃した。ドイツ空軍も事実上全力をあげて対抗し、戦闘飛行隊12個以上、戦闘機500機以上が迎撃に当たった。3つの強襲飛行隊は防空戦の主兵力となり、そのうちで戦歴のある2隊は最近までの損耗の補充を終え、新参の隊は初の実戦出撃ではあったが、定数いっぱいの機数を揃え、優れた指揮官が各編隊の先頭に立って、四発重爆に対する戦闘に臨んだ。各飛行隊には護衛のBf109の編隊がついた。待望の"強力パンチ"の日が始まるかと思われた。

　基地が西寄りの位置にあるⅣ.（Sturm）/JG3とⅡ.（Sturm）/JG300は1040時をわずかに過ぎた頃に離陸した。ダール少佐の本部小隊が先頭に立ち、Ⅰ./JG300とⅠ./JG76が護衛について、管制指揮官の誘導によって南西への針路を取り、B-17の強力な編隊が進入していると報じられたエシュベゲ地区に向かった。アイゼナハの南東数キロの地点で敵影を発見したのと同時に、密集編隊を組んで高度5,000mを飛んでいたⅡ.（Sturm）/JG300のフォッケウルフは、高高度からのマスタングの群れの奇襲攻撃を受けた。

　密集編隊は崩れ、フォートレス攻撃の希望を失った鈍重なシュトゥルムボックは、マスタングの強烈な攻撃から各々身を守るために行動し、大乱戦があたり一面に拡がった。これは対等な戦いではなかった。帰還したパイロットたちの報告の合計によればP-51　5機撃墜という戦果の数字になったが、この飛行隊は短時間の戦闘でパイロットの戦死10名、負傷2名の損害を受けた。

　一方、ダール少佐のJG300本部小隊とⅣ.（Sturm）/JG3は、アイゼナハ

……しかし、空中では状況が大違いだった。これは後方に迫った米軍の戦闘機のガンカメラが捉えたFw190の最後の模様である。画面の左下の方に見える奇妙なY字形のものは、落下傘を開こうと努めているパイロットかもしれない。

クラウス・リヒター曹長が彼の乗機、"赤の4"("目隠し"が取りつけられていて、かなりクリーンな状態の機である)のコクピットに立ち上がっている。彼は第5飛行中隊の中で、もっと実戦経験が高いエルンスト・シュレーダー伍長の列機として出撃することが多かった。

上空の大混戦をなんとか回避し、針路を北東に変えて、メルゼブルク=ロイナの合成燃料製造施設を爆撃した直後のB-17の編隊群の追跡に移った。ハーレの少し手前でこの編隊群に追いつき、ボックス編隊ひとつを選んでその後方、やや低い高度の位置に廻り込み、フォッケウルフのパイロットたちは帰途についたB-17に合わせて速度を調整した。彼らは敵編隊の200m後方に迫ってから機関砲を発射し、各自の目標に数メートルの距離まで射撃しながら接近した後、降下に移り離脱した。

　この戦闘でフォートレス16機撃墜──主に92BGの機と思われる──が報告された。そのうちの3機はダール少佐と彼の本部小隊の戦果であり、13機はIV.(Sturm)/JG3の戦果だった。しかし、後者はまったく無事に引き上げることはできなかった。どこにでも姿を現すマスタングが、この場面にも現れたのである。シュトゥルムボックはいまや、自分の身を守らなければならない側に立たされた。第14中隊のヴェルナー・ゲルト少尉はP-51を1機撃墜したが(彼はこの日にB-17　1機も撃墜しており、これで彼の強襲部隊での戦果は25機に達した)、この飛行隊はP-51との戦闘でパイロットの戦死3名、負傷2名の人的損害を被った。

　II.(Sturm)/JG4の戦いはどのようだったのだろうか。1時間以上もコクピット内待機を続けた後、50機以上のフォッケウルフがヴェルツォウから出撃した。護衛に当たるIII./JG4とフィンスターヴァルデの上空で合流した後、地上管制指揮官の指示に従ってたっぷり2時間飛び続けた。その間に位置がだんだんに南南西の方向に移っていき、正午をわずかに過ぎた頃、遂にチェコの国境に近い空域で多数の飛行雲を発見した。飛行雲によって行動を見つけられたB-17の編隊は、ケムニッツ、ルーラント、ブリュックスの石油精製施設爆撃を命じられていた第3爆撃師団(3BD)の一部だった。

高度8,000mで、II. (Sturm) /JG4のパイロットたちは大きく舵を切って、爆撃機編隊隊列(ストリーム)に接近していった。大半のパイロットが狙ったのは、隊列の後尾を飛ぶいくつかのボックス編隊のうち、他の編隊からの掩護射撃が少ない下段の編隊だった。彼らの多くは強襲攻撃の実戦経験はなかったが、フォートレスの群れに大打撃をあたえ、戦果11機を報告した（米軍の側でも、ルーラント爆撃に向かった100GBの損失がちょうど11機だったと記録している）。しかし、いつもと同様に、護衛のP-51の対応はすばやく、B-17に対する二度目の攻撃を防ぎ切った。フォッケウルフの編隊は数機が撃墜されたが、もっと防御が手薄な目標を見つけるために、この戦闘空域から離脱していった。間もなく彼らは、ブリュックスに向かっていた別のB-17編隊ひとつを発見し、そこで12機の戦果をあげた。そのうちの1機は体当たりして戦死した第8中隊のアルフレート・ラウシュ少尉の戦果だった。

　II. (Sturm) /JG4は初の実戦出撃で合計23機の戦果をあげた（7機は撃破(ヘアアウスシュッセ)戦果）。しかし、その代償は大きかった。パイロットの戦死者は12名、負傷者は4名だった。そして、フォッケウルフの損失は23機——戦闘に参加した機数の半分に近い（!）——に達したのである。

　翌日の新聞発表は、撃墜した敵機は90機またはそれ以上という数字を挙げ、"見事な防空戦の成功"と述べた。米軍の側も"5月28日以降、初めて経験した大規模な航空戦闘"であると認めた。しかし、実際の状況としては、9月11日の戦闘は本土防空戦闘機隊全体に大きなマイナスをもたらした。第8航空軍作戦番号623に対する戦闘での損失は戦闘機113機、パイロットの戦死または行方不明は56名に達した。そして、3つの強襲飛行隊は全力をあげて戦ったにもかかわらず、期待されていた結果——敵の爆撃機編隊が計画された目標上空に到達するのを阻止すること——を達成することができなかった。彼らに阻止された敵編隊は皆無だった。

米軍の重爆、優勢を確保
BOMBER DOMINANCE

　その翌日、彼らの優勢を誇示するかのように、第8航空軍の四発重爆、900機近くが、前日の作戦の目標の多くを爆撃するために再び進入してきた。3つの強襲飛行隊はそれを迎撃する戦闘機部隊の列に再び加わった。IV. (Sturm) /JG3とII. (Sturm) /JG300はいつもと同じく、同じ戦闘グループ(ゲフェヒツフェアバント)に配置され、管制指揮を受けてベルリンの北の空域に向かい、そこでB-17の編隊隊列(ストリーム)に強襲攻撃をかけた。IV. (Sturm) JG3は攻撃を2回重ね、7機を撃墜したが、重爆の防御銃火と護衛戦闘機によって戦果と同じ機数のフォッケウルフを失い、パイロットの戦死者3名と負傷者2名の人的損害が発生した。

　II. (Sturm) /JG300は十分な時間、護衛戦闘機の妨害を回避して重爆編隊を攻撃することができ、1ダースのB-17の撃墜を報告した。しかし、損害は避けられず、パイロットの戦死者3名と負傷者1名を出した。

　一方、II. (Sturm) /JG4はIII./JG4とI./JG76のBf109と共に、西へ針路を取るように命じられ、B-17の別の編隊がマグデブルクを目指して飛行中と通報された空域に向かった。この隊のFw190のパイロットたちは前日のような大戦果を繰り返すことはできなかったが、フォートレス8機を撃墜し（1機は飛行隊長自身の戦果）、その上に5機撃破(ヘアアウスシュッセ)の戦果をあげた。その代償は

Fw190の損失8機、パイロットの戦死者4名、負傷者1名だった。

　戦死者にはハンス＝ギュンター・コルナツキ中佐が含まれていた。飛行隊長の乗機は重爆編隊攻撃の間に損傷を受け、彼はマグデブルクの南西に不時着しようと試みた（皮肉なことにこの地点は、強襲部隊が最も華々しく報道された戦闘の場所、オシャースレーベンからあまり遠くなかった）。しかし、接地の直前にコルナツキの"緑の3"は数本の高圧電線に接触し、横転して地面に突っ込んだ。

　"強襲戦術の着想の生みの親"の戦死は強襲部隊の全員にとって明らかに心理的な打撃となったが、彼を指揮官とする巣立ったばかりの飛行隊の隊員は特に大きな打撃を受けた。II.（Sturm）/JG4はこの2日間の戦闘で、3つの強襲飛行隊の中で最高の戦果をあげたが、人員と機材の損耗も恐ろしいほどに高かった。パイロットの三分の一が戦死または負傷し、12日前にヴェルツォウに移動してきた時に61機だったFw190は、その半分以下に減っていた。これほど高い損耗率は、経験の浅い部隊はもちろん、どの部隊にも耐えることを期待できるレベルではなかった。

　フォン＝コルナツキ中佐の跡を継ぐ飛行隊長には、第8飛行隊長、ゲーアハルト・シュレーダー大尉が任命された。しかし、多数の新しいパイロットを受け入れて隊に同化させ、補充のFw190の供給を受けて、II.（Sturm）/JG4を全面的に作戦行動可能状態にもどすのには時間がかかり、次の強襲任務の出撃は9月の末近くになった。

　この時期のこの飛行隊の状況には興味深い側面があった。ヴェルツォウに新たに配属されたパイロットたちは、強襲攻撃を完全に遂行するための飛び方を厳しく仕込まれ、その一方で、前の2回の戦闘で生き残ったパイロットの多くは、その時の恐ろしい体験を軍隊に昔々から続いているやり方によって忘れようと強く望んだのである。この感情はいずれの強襲飛行隊でも同様に強く、エアフルト＝ビンダースレーベンの基地司令はII.（Sturm）/JG300の隊員全部に基地からの外出を禁止した。このように厳しい措置を取った理由のひとつは、この町のバーやキャバレー、公認娼家区画で隊員たちが"考えられないほど酷い行為"を重ねたことである。一般の市民からの苦情は絶えなかった。この飛行隊が9月26日にフィンスターヴァルデに移動していった後には、審理途中の実父確定訴訟が20件も残されていたといわれている！

IV.（Sturm）/JG3の数機が移動滑走している。1944年9月27日の出撃の際、アルテナ基地で撮影された。この日、3つの強襲飛行隊は揃って出撃し、護衛なしのB-24の編隊を攻撃した。IV.（Sturm）/JG3は最初に攻撃をかけ、リベレーター21機の戦果を報告した……

他の2つの強襲飛行隊にとっても、9月の後半は比較的平穏だった（少なくとも空中では）。これには2つの要因があった。ひとつは悪天候であり、もうひとつは、オランダのエイントホーヴェンとアルンヘムの間、3本の大河沿いの地域で米英両軍協同の空挺作戦（公式の作戦名は"マーケット・ガーデン"だが、現在では『A Bridge Too Far』（邦題：『遠すぎた橋』）という映画の題名でよく知られている）が始まり、第8航空軍がその支援に力を傾けたことである。

　この平穏な状態の間にヴァルター・ダールとヴィルヘルム・モリッツは、東プロイセンにあるヒットラーの司令部、"狼の住み処"に出頭することができた（2人別々に）。彼らは各々、強襲飛行隊のこれまでの作戦行動について直接ヒットラーに報告した。同時に、フォン＝コルナツキ中佐の最近の戦死を念頭に置いて、彼らがこの先の戦いについてどのように考えているか、意見を求められたと思われる。

　どのような判断があったのかは不明だが、9月27日の出撃では3つの強襲飛行隊全部が同じ戦闘グループに配置され、一緒に戦うことになった。この日の第8航空軍の攻撃目標はドイツ西部の輸送ネットワークと軍需工業施設であり、その中でカッセルにあるヘンシェル社（連合軍地上部隊に怖れられたティーガー戦車の製造工場）の工場群の爆撃には、第2爆撃師団の300機あまりのB-24が当てられた。このB-24の部隊が3つの強襲飛行隊による初の集合攻撃を受けることになった。

　IV.（Sturm）/JG3は1000時に臨時の基地、アルテナ（ケルンの北東60km）から出撃した。他の飛行隊（掩護に当たるBf109装備のI./JG300を含む）と合流した後、戦闘グループの編隊全体でカッセルへの針路を取った。約45分後、目標地区の南西方で爆撃機部隊の一部を発見した。戦闘グループが遭遇したのは445BGの編隊だった。この部隊は第2爆撃師団の隊列からはぐれ、臨時目標としてゲッティンゲンを爆撃した後、アイゼナハ上空を通って帰還する途中だった。

　3つの強襲飛行隊は護衛無しのリベレーターの編隊を交互に攻撃した。最初に攻撃したのはIV.（Sturm）/JG3だった。モリッツ大尉が先頭に立ち、いつも通りに横幅の広い鏃形の編隊を組んで飛び、十分に接近してから中隊ごとに分かれ、各中隊は30mm機関砲を発射しながらリベレーターの編隊を突き抜けた。ちょうど3分間の戦闘で、彼らはB-24を17機撃墜、4機を撃破し、損害はパイロットの負傷者5名に留まった。

　続いてII.（Sturm）/JG300が攻撃に入った。リベレーターの機銃手は必死になって撃ちまくった。この飛行隊の戦果は撃墜14機、撃破7機であり、パイロットの戦死者7名の損害を被った。生き残ったB-24のパイロットのひとりが、その時の状況を思い出して語っている。"一瞬、ドイツの戦闘機4機と味方の爆撃機5機とが、私の周囲で落ちていった。なんとも言い表しよう

……それに続いてII.（Sturm）/JG300が攻撃し、同じく21機のB-24撃墜の戦果をあげた。そのうちの2機はエルンスト・シュレーダー伍長の戦果である。これは彼の乗機、有名な"ケーレ・アラーフ！"とその翼の上に立っている彼の姿である。そして、最後に……

のない場面だった"。

　攻撃側のひとり、5.（Sturm）/JG300のエルンスト・シュレーダー伍長は、アイゼナハ上空の高高度で展開された血なまぐさい戦いを、もっと写実的に描写している。

　"我々が密集編隊を組んで目標に接近した時、第一波の攻撃の結果が目の前に見えた。火焔を曳いている爆撃機が何機もあり、爆発を起こす機もあった。中隊長と私の乗機には新型のジャイロスコープ照準器が装備されていたので、私は数秒の間隔で2機のB-24を撃墜することができた。

　"最初の1機は射弾が命中すると、途端に90度横転して側面を下に向けた姿勢になり、墜落していった。それの隣りの機はすでに損傷を受け、左側のエンジン2機から煙を曳いていた。私は新型の照準器ですぐにこの機に狙いをつけることができた。そして、短い連射を浴びせると、この機はすぐに火焔に包まれた。私は一瞬、この機と横並びに飛び、濃い火焔の尾が尾翼の後方に長く延びていくのが見えた。この巨大な爆撃機はゆっくりと横転して裏返しになり、やがて地面に向かって突っ込んでいった"

　この地点の西180kmあまりのケルン附近の上空では、P-51の1個グループが第1爆撃師団のB-17の護衛に隊列についていた。このグループは、2BDのリベレーター編隊が接近してくるドイツ戦闘機を最初に発見した時に発信した救援要請の電報を受信し、兵力の一部を東に向かわせた。そのP-51がやっとこの場に姿を現し始めたのは、IV.（Sturm）/JG3が護衛の妨害を受けずに最初の攻撃をかけてから4分後だった。

　これらのマスタングの到着はやや遅すぎたが、彼らがII.（Sturm）/JG300

……II.（Sturm）/JG4が攻撃に移った。そして、この飛行隊のパイロットたちは39機（！）という驚異的な数のリベレーター撃墜を報告した。ここに並んだ第5飛行中隊の5名の下士官パイロットは、左から右へ、バリオン伍長、クロント伍長、ベルク軍曹、ケラー伍長、エルラー伍長。以上の5名はこの戦闘で合計9機の四発重爆を撃墜した。

にある程度の損害を与えた可能性がある。そして、強襲攻撃の第3波となったII.（Sturm）/JG4に重大な損害を与えたことは確かである。この飛行隊は帰還後、B-24を25機撃墜し、14機を撃破したと報告したが、これは明らかに過大である（このB-24の編隊は最初からそれほど大きくはなく、その上に最初の2波の攻撃によって大きな損害を受けている！）。しかし、パイロットの多くは経験が浅く、これが初の実戦だった者も多いことを考えに入れる必要があるだろう。

　この飛行隊の損害には不確かな点はない。少なくとも13機のシュトゥルムボックが撃墜され、パイロットの戦死または行方不明7名、負傷者3名だった。人的損害は補充パイロットだけではなかった。行方不明者の中には7.（Sturm）/JG4飛行中隊長、オットマー・ツェハルト中尉が入っている。彼は強襲パイロットとして明らかに最も経験が高い者のひとりである。この日、彼の列機の位置についていたゲーアハルト・コット兵長は次のように回顧を語っている。

"最初の攻撃の後、我々は編隊を組み直して二度目の攻撃をかけようとした。しかし、飛行隊全体が編隊らしい形になる前に、私はツェハルトの乗機の高度が急速に下がっていくのを見た。彼は後に行方不明と発表された"。

　そして、オットマー・ツェハルトの乗機 "黄色の2" はブラウンシュヴァイク

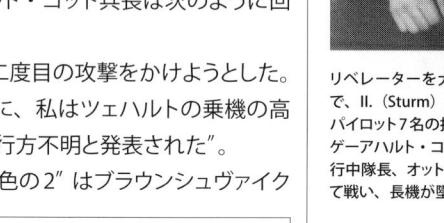

リベレーターを大量に撃墜した9月27日の戦闘で、II.（Sturm）/JG4は戦死、または行方不明のパイロット7名の損害を被った。この写真の人物、ゲーアハルト・コット上等飛行兵はこの日、第7飛行中隊長、オットマー・ツェハルト中尉の列機として戦い、長機が墜落するのを視認した。

```
         IM NAMEN DES FÜHRERS
      UND OBERSTEN BEFEHLSHABERS
            DER WEHRMACHT
              VERLEIHE ICH
                  DEM
              Unteroffizier
              Gerhard Kott
             6.(Sturm)/J.G. 4

                  DAS
              EISERNE KREUZ
                1. KLASSE

      H.Qu.,        den 14.Okt.    1944
      Der Oberbefehlshaber der Luftflotte Reich

                          Generaloberst
                  (DIENSTGRAD UND DIENSTSTELLUNG)
```

ゲーアハルト・コットは9月27日に戦果をあげたパイロットのひとりだった。10月14日、彼は四発重爆撃墜合計5機――最初の1機はIV.（Sturm）/JG3での戦果――の戦績に対して、鉄十字勲章1級を授与された。これは授与証明書――本土航空軍司令官、シュトゥンプ上級大将の署名がある――のコピーである。

第5飛行中隊のフランツ・シャール上級士官候補生が戦果記念杖を手にして、乗機、"フラッツⅢ"のコクピットの縁に座っている。彼は9月27日の戦闘で負傷した3名のⅡ.(Sturm)/JG4のパイロットの1名だった。

第1強襲飛行中隊以来のベテラン、ヴァルター・パイネマン少尉は、1944年9月28日に死亡した17名の強襲任務パイロットのひとりだった。しかし、この日に死亡した僚友の大部分とは違っていた。7.(Sturm)/JG4がヴェルツォウから離陸した時、彼のFw190A-8/R2の事故が発生し、死亡したのである。

周辺のどこかに墜落し、彼の遺体はいまだに発見されていない。

　この戦闘で3つの強襲飛行隊が報告した戦果の合計はリベレーター81機（それにマスタング6機が加わる）である。もちろん、これは過大ではあっても、445BGが甚大な損害をあたえられたという事実が否定されるわけではない。この部隊では出撃37機のうち、26機が基地に帰還しなかった。これはUSAAFの1個グループが1回の出撃で被った損失機数として、大戦全期を通じて最も大きい。

　しかし、このようなスケールの大殺戮があっても、いまや強力な怪物に育った第8航空軍を阻止することはできなかった。その翌日、第2爆撃師団はヘンシェル社のカッセル工場施設を目標として、250機近いB-24を出撃させた。しかし、この日は、強襲飛行隊はこのB-24部隊の迎撃には現れず、マグデブルクを目標とした第1爆撃師団のB-17の編隊と戦った。

　前日の戦闘と同じく、3つの強襲飛行隊がひとつのボックス編隊──303BGのフォートレス──に集中攻撃をかけた。Ⅱ.(Sturm)/JG4が先頭に立って攻撃し、Ⅳ.(Sturm)/JG3がそれに続き、JG300本部小隊とⅡ.(Sturm)/JG300が最後に攻撃した。戦果は前日の戦闘より少な目であり、シュトゥルムボックは護衛戦闘機に襲いかかられる前に29機のB-17を撃墜した（303BGの実際の損失は11機だった）。そこで編隊は崩れ、護衛戦闘機との個々の格闘戦が拡がり、鈍重なFw190はP-51　1機とP-38　2機を撃墜した（後者については戦後の記録による確認はできない）。

高価な代償
COSTLY LOSSES

　"マイティー・エイス"にとっては損失11機──100名を越える戦死者を伴っていた──は受容できる範囲だった。しかし、3つの強襲飛行隊にとって

は、9月28日のパイロット17名と22機の損失は、すぐには埋めることができない大きな出血だった。短い期間、3つの強襲飛行隊をひとつの戦闘グループに集めて戦う"大編隊"戦術をとったが、これは成功しなかった。強襲部隊の全兵力を集中して、多数の重爆ボックス編隊の中のひとつを攻撃することによって（どれだけ強烈な攻撃であってたとしても）、それ以外の多数の編隊の膨大な兵力が計画された目標に向かって飛び続けるのを抑えることはできなかった。この戦いの過程で、ドイツの防空任務の戦闘機隊の消耗戦での頽勢は着実に進んでいった。このため戦術転換が必要と考えられ、対重爆攻撃に特化された部隊である強襲飛行隊の終末がここで始まった。

　9月29日、JG3航空団司令、ハインツ・ベーア中佐が、モリッツの飛行隊が臨時に基地にしていたアルテナに出張してきた。IV.（Sturm）/JG3とは異なって、JG3の第Ⅰ～第Ⅲ飛行隊は連合軍のノルマンディ上陸作戦の直後にフランスに移動して以来、西部戦線で戦い続けた。その後、激しい損害を受けて戦いながら後退の移動を重ね、最近になってやっと休養と装備更新のために本土に帰還したところだった。モリッツの強襲飛行隊は本来の所属部隊であるJG3の指揮下に復帰することになると、ベーア中佐はモリッツに伝えた。その数日後、IV.（Sturm）/JG3はもとの基地、シャフシュテートに移動し、長く続いたダール少佐のJG300との協同関係はここで終わった。

　この飛行隊単独での最初の出撃は成功の部類には入らないものだった。10月6日、第8航空軍のB-17の部隊はドイツ北部の工業施設と軍事施設を主な目標とし、2つの方向に分かれて出撃した。IV.（Sturm）/JG3のFw190は正午少し前にシャフシュテートから離陸し、北へ向かうように指示された。バルト海沿岸地方の都市と飛行場を攻撃目標として進入した第1爆撃師団の400機以上のフォートレスの大編隊を迎撃するためである。しかし、彼らは敵の重爆の隊列に接触する前に、シュテッティンの南方でマスタングの編隊に襲われた。シュトゥルムボック2機が撃墜されてパイロットが戦死し、多くの機が損傷を受けた。

　その戦闘で彼らは散り散りに

11.（Sturm）/JG3のゲーアハルト・フィフルー伍長。彼は特徴的な"左右の白眼"のマーク——強襲任務パイロットであることを示す——を胸元につけた飛行ジャンパーを着ている。彼は第1強襲飛行中隊で戦っていた時、5機を撃墜して最も高成績のひとりとなった。10月6日、P-51との戦闘で負傷し、損傷した機でアルテナ基地に緊急着陸した時に重傷を負い、19日後に病院で死亡した。その時までに、彼は個人戦果を11機に伸ばしていた。

なり、その後、数機は燃料補給を受けるためにアルテナに着陸し、少なくとも2機のフォッケウルフが着陸事故のため大破した。パイロット1名は死亡し、もう1名はP-51との戦闘で受けた負傷の上に、着陸事故で重傷を負った。彼は第1強襲飛行中隊以来のパイロットであり、隊内で最も経験が高いメンバーのひとりであるゲーアハルト・フィフルー軍曹だった。彼は3週間たらずのうちに病院で亡くなった。

IV.（Sturm）/JG3がバルト海に近い地域で戦っている時、防空戦闘機隊の大部分は、大ベルリン都市圏の目標を目指している第3爆撃師団の400機に近いB-17に対する迎撃に向かっていた。首都防空の任務に当たる部隊の中にはII.（Sturm）/JG4も含まれていた。

この強襲飛行隊のFw190はヴェルツォウから出撃し、フィンスターヴァルデの上空でIII./JG4のBf109編隊と合流し、北西への針路を取った。彼らはブランデンブルクとポツダムの中間で敵の重爆編隊隊列を発見し、大きな弧を描いて旋回し、B-17の編隊の後方に廻り込んだ。そして、敵が目標とするベルリンの手前50kmほどの空域で攻撃を開始した。

最近の戦闘に現れた彼らの戦果過大判断の傾向を考慮しても、この日の戦果、フォートレス15機撃墜と7機撃破（ヘアアウスシュッセ）、合計22機は見事な戦果だった。しかし、このような大きな戦果は、この飛行隊の真の強襲部隊としての短い作戦行動期間の中で、最後のものになった。そして、その代償も大きかった。パイロット7名が戦死し、3名が負傷した。第1強襲飛行中隊以来のベテラン、ルードルフ・メッツ少尉も、彼の"緑の2"がブランデンブルクの北方に墜落して、戦死者のひとりとなった。

10月6日のベルリン周辺でのII.（Sturm）/JG300の行動は不明だが、その翌日、第8航空軍がすでに激しい損傷を受けている石油精製施設を攻撃した時には、激しく戦った。この飛行隊がこの日のメルゼブルク附近での戦闘で撃墜した8機のフォートレスの中には、5.（Sturm）/JG300の飛行中隊長、クラウス・ブレッチュウナイダー少尉（後に中尉）の3機撃墜が含まれて

このII.（Sturm）/JG300のシュトゥルムボック、第6飛行中隊のパウル・リクスフェルト伍長の乗機、"黄色の12"のマーキングは奇妙な組み合わせである。カウリングに描かれているのは、JG300が"ヴィルデ・ザウ"夜間戦闘戦術で戦っていた時期の紋章、"猪の頭"であり、この写真は1944年の秋頃撮影されたものだが、その昔の夜戦部隊の時期に引きもどされた感じになる。その一方で、かなり塗装の傷みが激しいこの機の胴体後部には、この隊が強襲任務に変わった時に新たに塗装された本土防空部隊の標識、赤の幅広バンドがついている……

いた。彼は機関砲射撃で2機のB-17を撃墜した後、3機目は体当たりで撃墜したのである。この日、彼は生還したが、12月24日に戦死した。

10月7日には、ドイツ空軍はきわめて重要な石油産業施設のわずかに残ってる部分を護るために、多くの戦闘機部隊を一斉に出撃させ、他の2つの強襲飛行隊も迎撃に参加した。IV.(Sturm)/JG3はII./(Sturm) JG300と同数の戦果、B-17 8機撃墜を報告し、自隊への損害は皆無でうまく切り抜けた（JG300ではパイロット2名が戦死した）。II.(Sturm)/JG4もパイロットの戦死者2名と負傷者1名の損害を受け、それと引き換えにパイロットたちはフォートレス7機を撃墜した。

10月7日に合計23機のB-17（P-51 1機もそれに加わる）を撃墜した3つの強襲飛行隊は（彼らに関する限りは）、10月の末までかなり平穏な日々を過ごした。この間、第8航空軍はドイツ本土全体にわたる目標に対する爆撃を続けたが、四発重爆が強襲攻撃を受けることはなかった。その理由の一部は危機的な状態に陥った燃料不足だが、3つの飛行隊は最近の戦闘でパイロットと航空機材の減耗が進み、その補充が必要だったことも原因だった。JG4の強襲飛行中隊のひとつを例にあげれば、いまやパイロットは4名が残るだけになっていた。II.(Sturm)/JG300の6月以来のパイロットの損害の合計は死者73名、行方不明2名、負傷者32名に達していた！

いまや強襲攻撃の基本的な訓練はすべてリーグニッツを基地とする単一のシュールシュタッフェル訓練飛行中隊によって行われる態勢になっていた。しかし、各飛行隊に配属されてくる補充パイロットたちは実戦可能なレベルには程遠く、彼らが最初の出撃で生き残れるようにするためには、もっと実際的な訓練を部隊で充分に——少なくとも燃料の事情が許す限り——与えることが必要だった。

燃料不足は深刻であり、パイロット訓練はやっと必要最低限度を満たす程度に過ぎなかった。唯一、不足していないのは配備機の数だった。第8

……一方、第8飛行中隊のマークは、槍を持った猪（親しみやすい顔つきだが）が地球の欧州の部分を歩いている図柄である。それでも彼は、道の先を照らすランタンを槍の柄にぶら下げている（塗装図の部隊紋章の頁を参照されたい）。

6.（Sturm）/JG300の"黄色の12"。**頁の写真の機と同じ機番だが、別の機体であり、ロータル・フェディシュ士官候補生・曹長の乗機である。フェディシュが10月7日に別の機で出撃して戦死した後、この機は第7飛行中隊の"青の15"になった。

航空軍がドイツの航空機産業を屈服させるために戦力を傾けたにもかかわらず、戦闘機の生産機数は1944年の秋に大戦全期間でのピークに達した。IV.（Sturm）/JG3が受領した補充のFw190は、10月だけで実に56機だった。

この時期、戦闘機部隊の戦力回復と維持が進められたが、それには大きな理由があった。それは戦闘機隊総監、アードルフ・ガランド中将が計画を進めていた究極的な"強烈パンチ"を敵にあたえる作戦である。強襲飛行隊はこれまで、そのような打撃をあたえることができなかった。ガランドはこの戦術を一段前に進め、本土防空任務の戦闘機部隊の全兵力を集中した大規模な協同作戦によって、第8航空軍に強烈な一撃をあたえることを考えた。これによって、四発重爆のボックス編隊が延々と続く隊列のひとつに、全滅に近い大損害をあたえることができれば、ドイツ上空の昼間航空戦の形勢が一変するかもしれず、すくなくとも、革新的な新兵器、メッサーシュミットMe262（詳細については本シリーズVol.3『第二次大戦のドイツジェット機エース』を参照されたい）が戦力になるだけの数、戦線に配備されるまでの時間を確保できるだろうと、彼は考えたのである。

しかし、戦闘機隊総監のこの戦略は実現することなく終わった。上下からの圧力——上層部の介入と地上戦の局面の変化——によって潰されてしまったのである。

短い中休み
BRIFF RESPITE

そのような高いレベルでの作戦計画の問題とは関係なく、3つの強襲飛行隊は3週間ほどの中休みを楽しんだ。10月16日には第15航空軍の四発重爆がオーストリアとチェコスロヴァキアの目標を狙って進入した。IV.（Sturm）/JG3がこの編隊の迎撃を試みたが、失敗に終わり、この行動中に第15飛行

IV./JG3の騎士十字章受勲者、ヴィリ・ウンガー士官候補生・曹長が、彼のFw190の機首に腰掛けている。彼の個人戦果合計は23機だが、そのうちの20機は四発重爆である（それ以外は1945年2～3月に撃墜したソ連機）。

右頁上●IV.（Sturm）/JG3のクラウス・ノイマン軍曹。襟許には騎士十字章を飾り、飛行ジャケットの左胸には"左右の白眼"のマークをつけており（写真にその一部が見える）、彼が強襲戦術の腕達者の原型のようなパイロットであることがわかる。彼の個人戦果合計は37機であり、そのうちの最後の5機は、ガランド中将のMe262の部隊、JV44で戦った時の戦果である。

コンラート・"ピット"・バウアー曹長。10月31日に授与された騎士十字章を襟許に飾っている。大戦終結時には、彼は5.（Sturm）/JG300の飛行中隊長として戦い、個人戦果合計は68機（そのうちの32機は四発重爆）に達していて、柏葉飾りの受勲が予定されていた。

中隊の1機がP-51に撃墜されて、パイロットが戦死した。その後、10月の後半は広い範囲にわたってほぼ全面的に悪天候が続いた。

　4名の強襲パイロット——IV.（Sturm）/JG3とII.（Sturm）/JG300から2名ずつ——が騎士十字章を授与されたのは、この中休みの間のことである。最初の1名は10月23日に授与された15.（Sturm）/JG3のヴィリ・ウンガー士官候補生・軍曹だった。この時の彼の合計戦果は20機で、いずれも四発重爆である。

　10月29日には2名が受勲した。そのうちのひとり、ヴェルナー・ゲルト中尉はこの戦術の出発点である第1強襲飛行隊でたびたび、空中指揮官として中隊の先頭に立って戦い、その後、IV.（Sturm）/JG3が編成された時に、第11飛行中隊長（部隊拡大後には第14中隊となった）に任じられた。この時までの彼の強襲戦闘戦果は26機に達していた。もうひとりの受勲者はクルト・ペターズ少佐である。彼は偵察機パイロットであり、7月の末にII.（Sturm）/JG300飛行隊長の職についた。彼には記録された戦果がなく、彼の指揮官としての功績に対して十字章が授与されたものと思われる。

　4番目は10月31日に受勲したコンラート・バウアー軍曹である。彼はJG51に所属して東部戦線で戦い、18機撃墜の戦果をあげた後、1944年6月にII.（Sturm）/JG300に転属してきた。受勲の時、彼の戦果は34機に伸

びていた。

　5人目の騎士十字章受勲者は10月24日に授与されたホルスト・ハーゼ大尉である。彼はIV.（Sturm）/JG3に臨時配属されていた2./JG51と、それが8月10日にその強襲飛行隊に正式に編入された後の新しい隊名、16.（Sturm）/JG3の飛行中隊長だった。10月3日にI./JG3飛行隊長の職に転出したが、その時までに強襲戦闘による撃墜10機の戦果をあげ、以前の東部戦線での46機撃墜の上に加えた。

　11月2日、2つの強襲飛行隊は、しばらく続いていた平穏な状態を破られた。第8航空軍が再びドイツの石油産業施設に対する大規模爆撃を始めたためである。この日、主な目標であるメルゼブルクの南4kmのロイナにある巨大な工場群を始め、数カ所の合成石油製造工場に向かって、1,000機近くの四発重爆が出撃した。

　IV.（Sturm）/JG3は1130時過ぎにシャフシュテートを離陸し、まずJG3の第I、第II両飛行隊のBf109と合流した後、通報された重爆の主力部隊隊列の位置に向かってほぼ真東への針路を取った。30分ほど飛んだ後、彼らはライプツィヒの北西方を飛ぶ敵編隊を発見した。護衛のP-51の強力な編隊は強襲飛行隊の後方に廻り込こうと行動し、Bf109はそれを抑えるために必死になって戦った。その間に、いつものようにモリッツ少佐（最近、進級した）を先頭としたシュトゥルムボックの編隊が重爆の編隊に襲いかかった。

　それに続く激闘の中で、強襲飛行隊はフォートレス21機を撃墜した。そのうちの1機は飛行隊長の戦果（彼の44機目）であり、5名のパイロットが各々2機撃墜を記録した。この5名の中には、第1強襲飛行中隊以来のベテランで、7月に負傷した後、長い回復期間を経たヴィリ・マキシモヴィッツ軍曹が入っていた。クラウス・ノイマン軍曹もB-17を2機撃墜して、彼自身の合計戦果を32機に伸ばし、この戦績に対して12月9日に騎士十字章を授与された。

　しかし、過去の多くの例と同様に、この日も高い戦果には大きな代償が伴っていた。IV.（Sturm）/JG3はFw190を21機失い、パイロットの戦死または行方不明10名と負傷者5名の人的損害を受けた。戦死者のひとりは4日前に騎士十字章を授与されたばかりのヴェルナー・ゲルト中尉だった。この第14飛行中隊長は彼の27機目、そして最後の獲物を体当たりによって仕留めたのである。この体当たりが意図したものだったか否かは不明である。ゲルトは破損した彼の乗機がライプツィヒの北方に墜落する前に脱出したが、落下傘が開かなかった。

　II.（Sturm）/JG4はIV.（Sturm）/JG3がシャフシュテートを離陸してから10分ほど後、東へ170km近く離れたヴェルツォウから出撃した。この飛行

ヴェルナー・ゲルト少尉は第1強襲飛行中隊からIV.（Sturm）/JG3に移り、第11、第14両飛行隊で戦い、強襲戦術戦闘で26機撃墜の戦果をあげて、1944年10月29日に騎士十字章を授与された。そして、11月2日にはビッターフェルトの北方で彼の27機目の戦果となるB-17を1機、体当りによって撃墜した。彼は機外に脱出したが、落下傘が開かず、戦死した。

隊のFw190は護衛に当たるJG4の第I、第III、第IV飛行隊のBf109と会合した後、地上管制の指示によって西方のマグデブルクに向かった。彼らはこの都市の南東30kmあまりの地点で敵と遭遇したが、警戒の目の鋭いP-51の大群がただちに襲いかかってきた。

この場面でも同様に、護衛のBf109が敵の攻撃の矢面に立った。この掩護行動に助けられて、シュトゥルムボックの何機かはフォートレスの編隊に肉薄することができ、少なくとも4機を撃墜した。その戦果の見返りとして、II.（Sturm）/JG4は合計8名の人的損害——パイロットの戦死または行方不明5名と負傷者3名——を受けた。この人数は出撃したパイロットの半数を超えていた。

11月2日の強襲戦闘の損害——飛行中隊長2名を含む——は大きく、その後の3週間、パイロットと機材の補充を待つ間、比較的平穏な日が続いた。新しい飛行中隊長2名が着任したが、いずれも長くは続かなかった。この平穏な時期の終わり近くに、強襲部隊で7人目の騎士十字章受勲者が生まれた。5.（Sturm）/JG300飛行中隊長、クラウス・ブレッチュナイダー少尉が合計31機の個人戦果に対して、11月18日に授与された。この31機のうちの14機は、JG300が以前に"ヴィルデ・ザウ"戦術による夜間迎撃に当たっていた時の戦果である。10月6日のB-17 3機撃墜によって彼の合計戦果はいちだんと高まっていた。

戦闘爆撃機との戦闘
ANTI-JABO OPERATIONS

11月19日、IV.（Sturm）/JG3とII.（Sturm）/JG4は、ドイツ中部の基地から西へ移動するように命じられた。移動先は前者がオスナブリュックの南東75kmのシュテルメーデ、後者がフランクフルトの南東20kmのバーベンハウゼンである。II.（Sturm）/JG300がドイツ中部のレブニッツに留まっているのに対して、それ以外の2つの強襲飛行隊はこの移動によって西部戦線の地上戦闘に近づくことになった。間もなく、この移動の理由が明らかになった。彼らはこれまでの第8航空軍の四発重爆との高高度での戦いを続けるだけではなく、連合軍の戦闘爆撃機——いまやドイツ西部の大半の地域をほぼ彼らがやりたい放題に荒らし廻っていた——を追って、低高度で戦うことも期待されていたのである。

彼らは幸先のよいスタートを切ることはできなかった。激しい雨が数日続いた後の11月26日、ルール地区に敵の戦闘爆撃機が進入したとの通報があり、IV.（Sturm）/JG3はこれを攻撃するために、どのような状況の下であっても緊急出撃せよと命じられた。酷い天候状態——視程は1kmたらずであり、雲は75mまで下がっていた——にもかかわらず、モリッツ大尉は出撃しようと試みた。しかし、重量が高いシュトゥルムボックは飛行隊長の乗機も含めて何機も、移動滑走の途中で、泥沼同様になった飛行場の地面に車輪がめり込み、動けなくなった。

10kmほど離れたリップシュタットでは、I./JG3のBf109がなんとか離陸することができたが、その際に空中接触事故が発生し、着任したばかりの飛行隊長、ホルスト・ハーゼ大尉が死亡した。経験の高い2./JG3飛行中隊長、ヴァルター・ブラント少尉がすぐに指揮を取り、編隊は指示された空域に向かったが敵影は発見できず、彼は索敵行動を打ち切って基地への帰還を命

5.（Sturm）/JG300飛行中隊長、クラウス・ブレッチュナイダー少尉のこの写真は、1944年11月18日、騎士十字章を授与された時に撮影された。それから1カ月あまり後、クリスマス・イヴに、彼はUSAAFのマスタングの編隊との戦闘で行方不明になった。

右頁下●この写真には5.（Sturm）/JG300の多くのパイロットが並んでいる。左から右に向かって、シュレーダー、ヴィンター曹長、ビール上級士官候補生、マイアー中尉（射撃教官）、グラツィアダイ少尉、シュナイダー上級士官候補生、レフゲン士官候補生・曹長。1944年11月に撮影された。これらの7名のパイロットのうち、大戦終結まで6カ月間生き残ることができたのはシュレーダーとグラツィアダイの2名のみだった。

ブレッチュナイダーの下で戦った第5飛行中隊の2人のパイロット、マテウス・エルハルト伍長（左）とエルンスト・シュレーダー伍長。背景は前者の乗機、"ピンフ"という機名が書かれた"赤の8"である。

じた。この敵機進入によって第1飛行隊はパイロット3名とメッサーシュミット5機を失った。この損害は、この時のこの地域の天候がきわめて酷かったことを十分に証明している（もし証明が求められたのであれば）。

それにもかかわらず、ブラント少尉は帰還後に軍法会議にかけられることになった。理由は命令を遂行しなかったということである。モリッツ少佐も同じ責任を問われる可能性があったが、まだ正気でいる人々の考えが通り、彼は軍法会議送りを免れた。しかし、彼は、間もなく訓練部隊に移動することになると予告を受けた。

翌日、11月27日、第8航空軍はドイツ西部の鉄道操車場を目標として、500機近くの四発重爆を出撃させ、IV.（Sturm）/JG3は以前からの戦いの相手を迎撃した。この日はジークフリート・ミューラー少尉が指揮に当たり、接敵したが、部隊は護衛戦闘機のスクリーンを突破することができなかった。幸いなことに、Fw190のパイロットたちは無事にシュテルメーデに帰還した。

　もっと東の方で戦ったII.（Sturm）/JG300はそれほど幸運ではなかった。ヴァルター・ダール中佐の戦闘グループ（ゲフェヒツフェアバント）の一部として出撃したこの飛行隊の編隊に、いまやいつでも姿を現すように感じられるマスタングの群れが襲いかかった。ハルバーシュタット＝ゲドリンブルク地区の上空──過去に何度も強襲攻撃の場面となった空域──で広く展開された格闘戦で、この隊のパイロット7名が戦死し、4名が負傷した。第5中隊のエルンスト・シュレーダー伍長は危うくそのひとりになるのを免れた。損傷のために舵を切れなくなったため、彼は低い高度に降りて戦闘空域から脱出しようとした。その時……

　"……突然、ジュラルミンの地肌を輝かせた新品らしい1機のP-51が、私の左側、一段高い位置に現れた。大きなガラスのキャノピーの中から私を見下ろしているパイロットがはっきりと見えた。彼はオーバーシュートして私の前に飛び出すような間抜けな真似はしたくなかったらしく、降下してきた速度を活かして左側に急上昇していった。

　"彼の機は視界から消えたが、彼がいまにも襲ってくると考え、私は首が脱臼しそうになるほど、後方を見廻し続けた。一瞬、前方に目を向けると、森の縁の高い樹々の列が風防いっぱいに拡がっていた。私は必死になって操縦桿を引いたが、強烈なショックが起きた。私の'ボック'は大きな1本の樹の上の方の枝に時速500kmの高速で衝突したのだ。私は落下傘降下できる

ベテランの強襲パイロット、ジークフリート・ミューラー少尉は、1943年半ばから大戦終結まで数多くの戦闘に参加した。最初、1943年の半ばにサルディニア戦線のII./JG51に配属され、1944年3月に志願して第1強襲飛行中隊に参加した。組織改編後、IV.（Sturm）/JG3では第16、次に第13（強襲）飛行中隊で戦い、1945年4月にMe262の部隊、JG7に移動した。彼は数少ない強襲パイロットの生き残りであり、大戦終結までの個人戦果は17機である。

シュレーダー伍長の"ケーレ・アラーフ！"の写真は数多いが、その"赤の19"の右側を撮った写真はきわめて少ない。この機の右側面のコクピット下には彼の女友達、エデルガルトの名が書かれている。この写真は11月25日に撮影され、それからちょうど48時間後にこの機は大破して廃棄処分された……

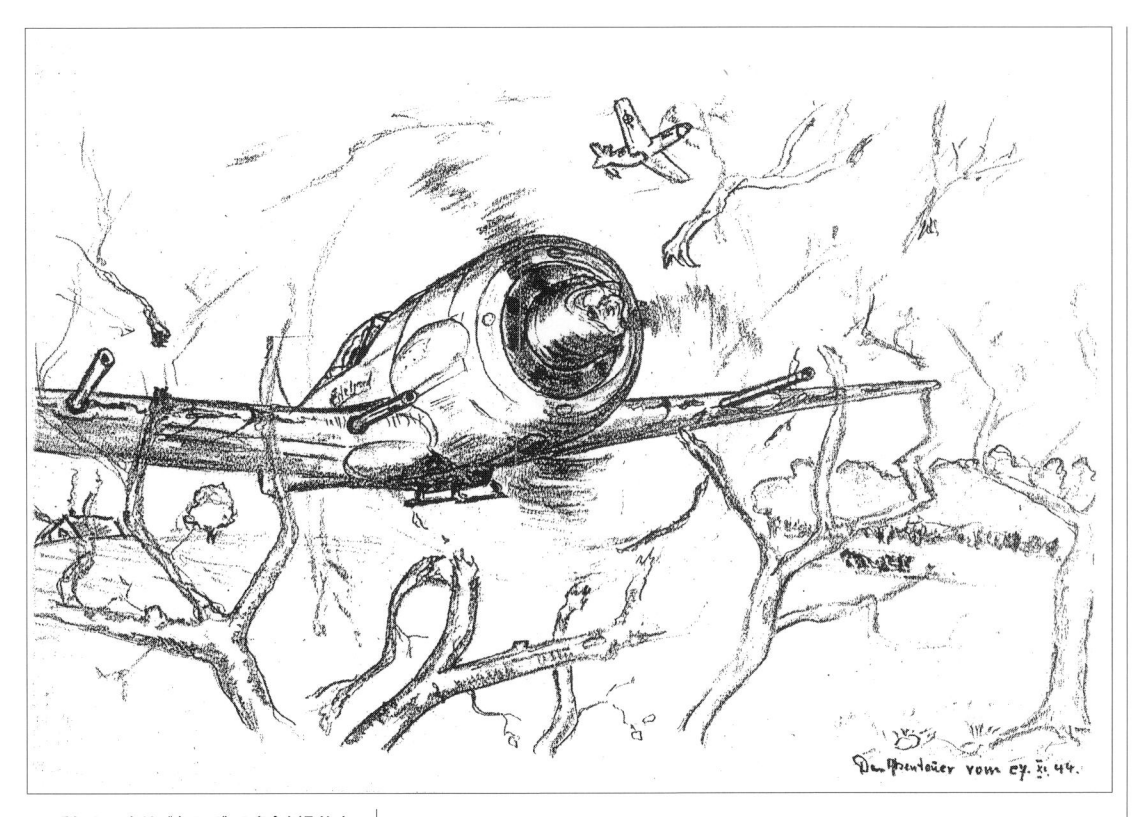

……そして、これは"赤の19"の寿命を短くした出来事をシュレーダー自身が描いたスケッチである。彼はマスタングに襲われ、後方を見廻すのに気を取られ、しくじって大きな木のてっぺんに機首を突っ込んでしまったのだ！

だけの高度を稼ごうとして、注意深く上昇していったが、コクピットはすぐにブルーの煙でいっぱいになった"

　実際には、シュレーダー伍長は近くの飛行場に胴体着陸することができた。機体は酷い状態になっていた。スピナーと主翼の前縁は"斧でめった打ちされたように"傷だらけであり、主翼と胴体には少なくとも25の弾痕が残り、ラジエーターには太い枝の破片がいくつも喰い込んでいた。これがシュレーダーの乗機、有名な"赤の19"ケレ・アラーフ（ケルン万歳）の最後だった！

　この日、ドイツ空軍は50機以上の戦闘機を失った。そして、彼らが撃墜した四発重爆は1機もなかったのである！

　その翌日、11月28日にIV.（Sturm）/JG3は低高度での戦闘爆撃機ハンティングに戻り、アーヘンの周辺でマスタング2機を撃墜することができた。その3日後に1機撃墜したP-51は、15.（Sturm）/JG3飛行中隊長、フーベルト＝ヨルク・ヴァイデンハンマー大尉の初戦果だった。

　それから、12月2日がやってきた。

　この日、第8航空軍の四発重爆は、コブレンツとビンゲンの間のライン河に沿った長さ60kmの地域の、いくつかの鉄道操車場を目標としていた。正午のわずか前にシュテルメーデを離陸したIV.（Sturm）/JG3は、ビンゲンに向かっている第2爆撃師団のB-24を迎撃するために、ほぼ真南への針路を取るように指示された。Fw190のパイロットたちは、まだライン河の西側を飛んでいて目標空域に接近中の敵編隊を発見した。敵の兵力はリベレーター130機以上であり、それを上回る数のP-51が護衛についていた。

　IV.（Sturm）/JG3の護衛に当たっていた戦闘機（JG3の第I、第III両飛行隊のBf109）は、強襲部隊が爆撃機に接近するコースを確保するための戦闘

で甚大な損害（パイロット戦死12名、負傷多数とフォッケウルフ16機喪失）を受けたが、それだけの代償によって大戦の最後となる大きな強襲攻撃戦果をあげる途が開かれた。

シュトゥルムボックの編隊はコブレンツの南西方、モーゼル河とライン河の間の起伏が続く地域の上空でB-24の大編隊を攻撃した。10分たらずの戦闘で報告された戦果はリベレーター22機に達した。この数字は米軍側で記録されている損失のちょうど2倍である。しかし、この場合も、多くの若い補充パイロットの実戦経験の低さが、戦闘の興奮の中での過大な戦果報告の原因だろうとある程度納得することができる。確認を与えられた戦果、22機のうち、13機が初撃墜だった。

その13名のパイロットのうちの2名にとっては、この初撃墜が彼らの最後の戦果となった。重爆の編隊を攻撃した後、フォッケウルフのパイロットたちは米軍の戦闘機の大群による激しい攻撃の中を突破しなければならなかった。敵はB-24の近接護衛の100機近いP-51だけではなく、ラインラント地域の索敵攻撃に出撃していた他の部隊の多数の戦闘機も、この空域に急行してきて戦闘に参加した。撃墜された、または不時着陸して大破したFw190は10機であり、少なくとも4機が損傷を受けた。人的損害は5名戦死、2名負傷だった。

この戦闘は事実上、コルナツキ少佐のアイディアによって始まった強襲戦術攻撃の最終幕となった。この事実を強調するかのように、それから3日後に、ヴィルヘルム・モリッツ少佐はドイツ空軍の最初の強襲飛行隊（シュトゥルムグルッペ）の指揮官の職を離れた。彼はそれ以降、大戦終結までの期間の大半にわたって、訓練部隊の指揮官の地位に置かれた。この移動の公式な理由は"戦闘による過度の疲労"とされているが、それはあまり的を外れてはいないだろう。

IV.（Sturm）/JG3はドイツ空軍の最初の強襲飛行隊であるだけではなく、

IV.（Sturm）/JG3の機の一部は、"目隠し"防弾ガラスのパネルを取外さず、対四発重爆の強襲攻撃任務を打ち切る時期まで装着していた。このオスカー・ベッシュ伍長の"黒の14"の写真は、その実例である。1944年の秋の末にシャフシュテートで撮影された。

再び"黒の14"が登場する。この機の幅広い木製プロペラに注目されたい。この飛行隊が11月19日にシュテルメーデに移動する少し前に撮影された。ここに並んだ若いパイロットたちを見ると、敗戦までの6カ月間、強大なUSAAFの航空部隊を相手にした彼らの戦いが、想像できないほど酷い苦戦だったことが強く感じられる。ここに並んでいる13名のうち、10名は戦死か行方不明、1名が負傷し、無事に生き抜いた者は2名——そのひとりはオスカー・ベッシュ（右から2人目）——に過ぎなかった。

他の隊に大きな差をつけた最高の戦果をあげた。そして、ヴィルヘルム・モリッツは全期間にわたって常にその先頭に立って戦った。彼の指揮の下で戦った生き残りパイロットの多くは、限りなく続くかと見える米軍の重爆の隊列に編隊が接近していくと必ず、穏やかだが権威の重みのある彼の声がヘッドフォンに入ってきたことを憶えている——"パウケ・パウケ（攻撃・攻撃）!"。

IV.（Sturm）/JG3は連合軍のノルマンディ上陸作戦の直後に、誤った判断によってフランス戦線に派遣されたが、1週間後には本土防空任務に復帰した。それ以降、この飛行隊は約270機の四発重爆を撃墜した。しかし、それだけの戦果の代償も大きく、撃墜機数の半分を超えるFw190を失い、パイロットの戦死または行方不明は76名、負傷者は44名に及んだ。

12月の初めにはII.（Sturm）/JG4も、重爆キラー専門の部隊としての終末の道をたどり始めた。あるパイロットの回想によれば、西部戦線での作戦参加のためにバーベンハウゼンへ移動する命令が下されると、整備員たちはただちに、シュトゥルムボックの重い装甲板と外翼に装備された30mm機関砲を取り外して、"軽"戦闘機に改造する作業を開始した。

パイロットたちのログブックによれば、3つの飛行隊のいずれも、"強襲"という部隊の名称は敗戦まで続いていたが、対重爆戦闘を主な任務として行動したのはII.（Sturm）/JG300——ドイツ中部、ベルリン南南西120kmのレブニッツを基地としていた——のみである。そして、この飛行隊も密集編隊による本来の強襲攻撃——1944年7月から12月にかけての5カ月にわたって、第8航空軍の四発重爆が毎度受けていた——を展開することは稀だった。敵の護衛戦闘機が圧倒的に強力だったためである。

chapter 5
アルデンヌ反撃作戦、ボーデンプラッテ作戦、そして東部戦線での最後の戦い
THE BULGE, BODENPLATTE AND THE END OF THE EAST

　強襲戦術の実験は終わった。1944年11月下旬以降、II. (Sturm) /JG4はほぼ全面的に戦術戦闘の任務で戦い、四発重爆の戦果はまったくなかった。IV. (Sturm) /JG3にとっては、それより後に一度だけ第8航空軍との最後の主要な戦闘があった。II. (Sturm) /JG300のFw190だけが、JG300の第I、第III～IV飛行隊、JG301の第I～III飛行隊と共に、最後に残った本土防空任務の昼間戦闘機部隊として戦ったが、大戦の末期には彼らも低高度での地上部隊支援の戦いに転換した。

　その後、大戦は6カ月続いたのだが、戦いの成り行きに疑問の余地はなかった。6月にノルマンディに上陸した連合軍は、いまやドイツの西部国境に近づき、10月21日にはアーヘンが米軍に占領され、本土内で連合軍の手に落ちた最初の主要都市となった。東部戦線ではソ連軍がベルリンまで攻め込む大攻勢作戦の準備を進めていた。

　しかし、ヒットラーは最後の切り札を手の内に持っていた。それは大胆な（多くの人は無鉄砲なといった）、しかし、大きな損害を避けることができないはずのアルデンヌ地方での反撃作戦だった。この作戦、いわゆる"バルジ大作戦"とその余波の中で、西部戦線に配備されていた2つの強襲飛行隊が担った役割は、フォン＝コルナツキ少佐が創案した対重爆"強襲攻撃"の物語の本当の意味での一部分ではない。しかし、やはり、それについては短く書いておくことが必要である。これまで物語に登場した何人ものパイロットが、この戦いの中で戦死したことがその理由である。

　1944年12月16日、大規模な奇襲によってアルデンヌ反撃作戦が開始された。この日、IV. (Sturm) /JG3はシュテルメーデから北へ27kmひと跳びしてギュータースローへ移動した。その後、6週間にわたってこの部隊の作戦基地となった飛行場である。その翌日には、IV (Sturm) /JG3とII. (Sturm) /JG4は反撃作戦の戦闘地域の上空で、米軍の戦闘機と戦っていた。前者のこの日の戦果6機のうちの1機、ボンの西方で撃墜されたP-47はヴォルフガング・コッセの戦果だった。これは元第1強襲飛行中隊の隊員だったコッセの25機目の戦果である。彼は全面的に名誉回復して大尉の階級にもどり、13. (Sturm) /JG3飛行中隊長に任じられていた。

　II. (Sturm) /JG4はベルギー国境に近い空域で戦い、"軽量化"されたシュトゥルムボック5機とパイロット3名を失ったが、戦果は皆無だった。

　同じく12月17日、はるか東方、チェコスロヴァキアのオルミュッツ（オロモウツのドイツ語名）上空では、アルフレート・リンデンベルガー少佐が率いるII./(Sturm) /JG300が、第15航空軍のB-24の部隊（ポーランド内の合成燃料製造施設のひとつに向かっていたといわれる）を攻撃した。この飛行隊は10分あまりの戦闘でリベレーター22機とP-38 1機を撃墜したと報告

した（過去の栄光の名残のようだった）。しかし、彼らの側もパイロット7名が戦死し、3名が負傷した。

その後の2日間、西部戦線の上空は天候が悪く、航空部隊の行動はごくわずかに限られた。しかし、それでも、ライン河地区上空での戦闘でII.（Sturm）/JG4のパイロット3名が戦死した。ヒトラーはこの地域の冬に拡がる霧と低い雲が、アルデンヌ森林地帯を西へ急進撃する地上部隊を敵の航空攻撃から護ってくれると考え、それに賭けたのだが、12月23日になってその悪天候が遂に消えてしまっった。空は雲がほとんどなく青く晴れ、第8航空軍はふたたび大兵力を投入して、苦戦している地上の友軍の支援に乗り出した。

ドイツ側の戦線後方の鉄道補給線に向かって高高度で進入してくるB-17の編隊を迎撃するため、II.（Sturm）/JG4は1100時過ぎにバーベンハウゼンから離陸した。Fw190の編隊はトリーアに向かう針路を取り、まだ上昇を続けている間にマスタングの群れに襲いかかられた。この飛行隊はB-17の編隊に接近することはできなかった。撃墜されるか、損傷を受けて離脱したシュトゥルムボックは12機に達した。そして、パイロット6名——いずれも第8中隊——が戦死、または行方不明となり、数名が負傷した。

IV.（Sturm）/JG3はほぼ同じ時刻にギュータースローから出撃した。この飛行隊も、戦線後方の鉄道目標に向かう第8航空軍の四発重爆編隊を迎撃するように指示された。しかし、重爆編隊と接触する前に、この飛行隊はボンの西方で索敵行動任務のP-47の編隊と遭遇し、短かったが激しい空戦で3機を撃墜した。

それから1分ほど後、彼らはマローダー双発爆撃機の大編隊を発見した。これはライン河のすぐ西側のアールヴァイラー鉄道高架橋爆撃に向かっていた第386爆撃グループ（386BG）と第391爆撃グループ（391BG）の編隊だっ

6.（Sturm）/JG300飛行中隊長、クラウス・ブレッチュナイダー少尉の乗機、"赤の1"。木立に覆われたレーブニッツ基地の駐機区画、1944年12月の初め、整備員がエンジンを試運転している。

たと思われる。この大編隊は護衛戦闘機と計画通りに会同できず、先頭編隊のB-26は護衛がないままで、投弾のために直線コースに入っていた。その時にFw190が襲いかかった。

　15機の横隊編隊が間隔を置いて並んだ4波、合計60機ほどのドイツ戦闘機が攻撃してきたと、マローダーの乗組員たちが後に語っている。先頭の391BGだけでも目標上空で16機を撃墜された。ちょうど8分間の戦闘によって、IV.(Sturm)/JG3はすくなくとも30機の双発爆撃機を撃墜した！　一方、この飛行隊の側ではシュトゥルムボック6機を撃墜され、パイロット2名が戦死し、1名が負傷した。

　その翌日、1944年のクリスマス・イヴには、この飛行隊はふたたび、進入してくる第8航空軍の四発重爆を迎撃した。この日は空中でたっぷり1時間待機した後、ベルギーのリエージュ附近で敵編隊を発見した。IV.(Sturm)/JG3が本土国境の外で戦うことはめったになかったのだが、フーベルト・ヨルク・ヴァイデンハンマー大尉──転出したモリッツ少佐の後任の飛行隊長──は、ただ

II.(Sturm)/JG300は1944年の末の数週間にわたって本土防空任務に残っていたが、他の2つの強襲飛行隊は西部戦線の近くに移動した。その地域で彼らは新しい敵と戦うことになった。第9航空軍(9AF)の戦術航空部隊の機である。ここに離陸時の姿が写っているP-47D──9AF、362FG所属──も彼らの新しい敵の例のひとつである……

……そして、B-26マローダーも同様だった。IV.(Sturm)/JG3は12月23日、ライン河の近くで、この双発爆撃機を少なくとも30機撃墜した。

第五章●アルデンヌ反撃作戦、ボーデンプラッテ作戦、そして東部戦線での最後の戦い

1944年のクリスマス・イヴに、IV.（Sturm）/JG3はベルギー上空で487BGのフォートレスを10機撃墜し、これが第8航空軍との戦いの最後の大戦果となった。これはこの日に出撃した487BG、838BSのB-17の1機、"逃げ出すレディ（ハイ・トレイルド・レディ）"である。この機は無事にレイヴンハム基地に帰還した。

ちに攻撃を下命した。

IV.（Sturm）/JG3は敵の後方、やや低い位置から——これが隊史の上でこの戦術による最後の攻撃となった——四発重爆のボックス編隊のひとつに攻撃をかけた。パイロットたちが報告した戦果はB-17　8機撃墜と2機撃破（ヘアアウスシュッセ）であり、487BGで作戦番号760から帰還しなかった機数、10機とぴったり合っている。この戦果に対する損害は、フォッケウルフ6機がリエージュ地区で撃墜され、パイロット1名が戦死し、5名が連合軍の捕虜となった。

この日の戦果と損害はこれだけでは終わらなかった。この飛行隊が編隊を組み直して基地へのコースを飛び始めた時、タイフーンの編隊と遭遇し、4機を撃墜した。これらのホーカー社製の戦闘機は、この隊にとって以前のイタリア戦線での戦い以降、初めてのRAFからの戦果だった（このうちの2機は実際にはカナダ空軍＝RCAFの第440飛行中隊の機だったと思われる。この中隊はエイントホーヴェン南東でのFw190との戦闘で2機を喪失したと報告している）。この戦闘でFw190が3機撃墜された。パイロット2名はまもなく無事にギュータースローに帰ってきたが、タイフーン2機を撃墜して個人戦果の最終機数を28機に高めたヴォルフガング・コッセ大尉は、行方不明となった。

II.（Sturm）/JG4のクリスマス・イヴはもっと波乱があり、戦果ははるかに少なかった。先ず、この飛行隊はアルデンヌ戦線に向かう途中、ライン峡谷の上空で敵戦闘機に襲われ、シュトゥルムボックが4機撃墜され、パイロット2名が戦死した。その上に、この隊の基地、バーベンハウゼンがこの日、第8航空軍第3爆撃師団の100機ほどのB-17の目標にされたのである。滑走路は文字通り"耕されたも同然"の状態になったが、幸いなことに機材の被害と隊員たちの死傷者は少なかった。

一方、第1爆撃師団の170機あまりのB-17はギーゼン地区の数カ所の飛

5. (Sturm)/JG300飛行中隊長、クラウス・ブレッチュナイダー少尉は、12月24日、P-51の群れとの格闘戦で戦死した。ここに写っている"ラウーバウツVII"と共にカッセル附近に墜落した。

行場を爆撃し、帰途についた時にII. (Sturm)/JG300のフォッケウルフに襲われた。ペータース少佐が足の負傷のために出撃できない状態なので、この日は経験の高い第5飛行中隊長、クラウス・ブレッチュナイダー中尉がこの飛行隊を指揮していた。しかし、目標空域を離れていくB-17の編隊には十分な機数の護衛のマスタングがついており、迫ってくるドイツ戦闘機編隊に大きな損害をあたえた。カッセルと北東40kmのゲッティンゲンの間の空域に点々と分かれた格闘戦が拡がり、II. (Sturm)/JG300はパイロットの戦死6名と負傷7名の損害を受けた。戦死者のなかには騎士十字章受勲者、クラウス・ブレッチュナイダーも入っていた。

　それからちょうど1週間後、大晦日に、II. (Sturm)/JG300は再び大きな損害 ── パイロットの戦死6名と負傷3名 ── を被った。第8航空軍はドイツ北部の奥深い地域の石油産業と工業地帯に対する戦略爆撃を再開し、その四発重爆の隊列を迎撃したのである。大きな損害があったにもかかわらず、もしかすると、それがあったためかもしれないが、夫人たち、ガール

ブレッチュナイダーが戦死してから間もなく、彼の部下だった2人のパイロットが負傷した。そのうちのひとり、ノルベルト・グラツィアダイ少尉は1944年の大晦日、空中指揮官（組織上の役職とは別な、出撃時の編隊指揮官）として5.（Sturm）/JG300の戦闘に立って出撃し、撃墜されて負傷した……

……そして、マテウス・エルハルト伍長は1945年1月14日、本土防空戦最後の大航空戦闘の際に、損傷を受けた乗機から脱出・降下して負傷した。

フレンド、招待客なども集まって、大晦日の夜半から開かれた新年を迎えるパーティーは、夜明け近くまで続いた。しかし、西部に配備されている2つの強襲飛行隊では、そのようなお祭り騒ぎはなかった。

12月24日の戦闘以降、バーベンハウゼン基地のII.（Sturm）/JG4にとっては、かなり平穏な日々が続き、その間に飛行場は通常運用可能な状態に修復された。しかし、IV.（Sturm）/JG3にとっては、仕事はいつもの通りに続いていた。クリスマスの当日、第8航空軍のリベレーターが多数の編隊でアルデンヌの戦闘地域に向かって進入し、この飛行隊のシュトゥルムボックが20機、迎撃のために発進した。この日も戦闘はベルギーの上空で展開されたが、戦果はB-24を1機撃墜しただけだった。これだけの戦果に対して、IV.（Sturm）/JG3は、重爆編隊の護衛のP-51の大群によって、9機を撃墜された。戦死、または行方不明のパイロットは5名であり、2名が捕虜収容所に送り込まれた。戦死が確認された2名のうちの1名は、20日前に飛行隊長になったばかりのフーベルト・ヨルク・ヴァイデンハンマー大尉である。彼の"黒のシェヴロン・5"はリエージュとサンヴィトの間のどこかに墜落した。

この飛行隊は第9航空軍のP-47も4機撃墜したが、これはこの日に被った大きな損害に対する償いとしてはわずかなものに過ぎなかった。12月27日も引き合わない戦績だった。2機を撃墜し、そのっちの1機、四発重爆（B-17だったと思われる）は意図的な体当たりか、または空中衝突による戦果だった。しかし、その時までには、IV.（Sturm）/JG3の延び続ける死傷者リストに戦死、または行方不明のパイロット7名が新たに加わっていた。幸いなことに、再び天候が悪化し、1944年の最後の4日は彼らの作戦行動なしで過ぎていった。

そのような状況だったので、IV.（Sturm）/JG3とII.（Sturm）/JG4のパイロットたちが新年前夜のお祝いを禁止され、早く就寝するように命じられた時、彼らの驚きは大きかった。この嫌がらせのように見えた措置の理由は、翌日の早朝、ドイツ西部のすべての戦闘機基地で行われたパイロットに対する作戦説明によって明らかにされた。

"強力パンチ"（デア・グロース・シュラーク）の日がついにきたのである。しかし、それは戦闘機隊総監が計画した作戦とは別物だった。彼が注意深く温存してきた戦闘機兵力は、アルデンヌ地域上空での2週間あまりの戦いによってかなり損耗していたが、それでもここで900機以上が大規模作戦に出撃する態勢を整えた。しかし、ガランドにとって腹立たしいことに、この作戦は

第8航空軍の強大な兵力の四発重爆の編隊隊列に対する攻撃ではなかった。彼の作戦計画は軍の首脳部に無視され、それに代わって、彼のパイロットたちはオランダ、ベルギー、フランスにわたる連合軍の戦術戦闘航空部隊の多数の基地に対する低空攻撃に出撃するように命じられたのである。

　1945年元日の作戦——作戦名"ボーデンプラッテ"（基底板）——の詳細については多くの書物に書かれているので、本書では2つの強襲飛行隊のうち、この作戦でIV.（Sturm）/JG3がはるかに高い戦果をあげたことを述べるだけに留めておこう。

　この飛行隊の目標、エイントホーヴェンの飛行場はアムステルダムの南南東120kmの位置にあり、この時、8個飛行中隊のタイフーン、3個中隊のスピットファイアと、その他のいくつかの小部隊が配備されていた。IV.（Sturm）/JG3のフォッケウルフ19機は0830時の少し前にギュータースローを離陸し、リップシュタットの上空で同じJG3の第I、第III両飛行隊のBf109と会同した後、ほぼ真西への針路を取り、50m以下の低高度を飛んで目標に向かった。この作戦で飛行隊の指揮を執った

　ジークフリート・ミューラー少尉は第1強襲飛行中隊以来のベテランであり、この時には16.（Sturm）/JG3の中隊編隊指揮官であって、この飛行隊で数少なくなっていた高経験パイロットだった。

　エイントホーヴェンでは通常の朝の作業が始まったばかりであり、JG3は奇襲に成功した。地上で100機前後の連合軍機が破壊され、または損傷を受けた。もちろん、その中でどれがシュトゥルムボックの戦果なのかの判断はできない。しかし、彼らが空中でタイフーンとスピットファイア各2機を撃墜したと報告したことは確かである。損害は主に目標上空や帰途で発生し、Fw190の損失7機、パイロットの戦死、または行方不明4名、捕虜1名だった。

第1強襲飛行中隊以来のベテラン、ジークフリート・ミューラー少尉は第16飛行中隊長だったが、ボーデンプラッテ作戦の際は臨時にIV.（Sturm）/JG3の指揮を執った。1945年3月に撮影されたこの写真に写っている戦闘機エース、ミューラーは、"左右の白眼"のマークがついている飛行ジャケットを着ている。

JG4、攻撃失敗
JG4's FAILURE

　JG3のエイントホーヴェン攻撃はこの日の作戦の中の成功の物語だったが、ベルギーのルキュロに向かったJG4の戦いは全面的な、そして代価の大きい失敗に終わった。II.（Sturm）/JG4はバーベンハウゼン出撃の時からつまづいた。シュトゥルムボック1機が離陸事故で墜落したのである。1機が欠けて16機になった編隊はライン河上空でJG4の第I、第IV両飛行隊のBf109と合流し、アイフェル高原を西北西に横断してベルギー国境に向かった。

　敵地上空に入ると激しく正確な対空射撃を浴びせられ、撃墜される機が続いた。編隊は散り散りになり、ルキュロを攻撃することはもちろん、パイロットたちはいずれも、その場所を見つけることすらできなかったようである。数名のパイロットは、JG4の作戦が大混乱に陥った後、他の部隊を見つけて一緒に行動した。JG4からの出撃機の半数近くが基地に帰還せず、ボーデンプラッテ作戦に参加した11個の戦闘航空団（ヤークトゲシュヴァーダー）の中で損害率は最高になった。

　II.（Sturm）/JG 4だけでも11機を失い、パイロットの戦死、または行方不明は5名、負傷は2名、敵の捕虜になった者は3名だった。これだけの損害を受けながら、この飛行隊があげた戦果はオースター連絡機を1機撃墜しただけである。

　ボーデンプラッテは、地上でのヒットラーの無分別なアルデンヌ反撃作戦の航空版だったことが明らかになった。最後の大博打は失敗に終わったのである。もっと悪いことに、この失敗は戦闘機隊（ヤークトヴァッフェ）にとって致命的な打撃をもたらした。この作戦で200名以上のパイロットが失われ、そのうちの多くは経験の高い編隊指揮官であり、もはやその損失を埋めることは不可能だった。

　できるだけ態勢を立て直すために、いくつかの措置が取られた。たとえば、

Fw190の残骸を眺めている米国陸軍の兵士たち。ボーデンプラッテ作戦から帰還しなかったII.（Sturm）/JG4の12機のうちの1機である……

……12機のうちの別の1機は、USAAFの戦闘機基地の真ん中に胴体着陸して、かなり有名（悪名の方）になった。この基地の404FGはすぐにヴァルター・ヴァグナー一等飛行兵の乗機、"白の11"を元通りに主脚の上に立ち上がらせた……

IV.（Sturm）/JG3には、戦死したヴァイデンハンマー大尉の後任の飛行隊長が1月5日に着任した。それは何と、昔の第1強襲飛行中隊で戦っていたエルヴィーン・バクシラ少佐だった。しかし、彼の在任期間は1カ月あまりに過ぎず、その後、大戦終結までに飛行隊長は3人も交替した。

大作戦の後、西部地区の2つの強襲飛行隊にとっては作戦行動なしの2週間が続いた。その後に、USAAFの四発重爆とドイツ空軍の本土防空戦闘機隊との間の最後の大規模な戦闘が発生した。1月14日、第8航空軍は作

……そして、機体に新しい塗装――全体を真っ赤――に仕上げ、よく目立つ"白い星とバー"のUSAAFのマークをつけた！

戦番号792により、すでに壊滅状態に近いドイツの石油産業施設を再び主な目標とし、800機以上を出撃させた。戦闘飛行隊は再びこの米軍の爆撃機を迎撃したが、彼らの大半、ことに強襲飛行隊は、以前の彼らの影同然の状態になっていた。

バーベンハウゼン基地のII.(Sturm)/JG4は補充パイロットが経験不足であるために、これを見たJG4航空団司令が彼らの行動を基地周辺の地域に限定する措置を取った。ギュータースロー基地のIV.(Sturm)/JG3では、オスカー・ベッシュ軍曹の指揮の下に12機が出撃した。彼らのフォッケウルフは敵編隊を目指して西へ飛んだが、途中、ドイツ＝オランダ国境の上空で敵戦闘機の群れに襲われ、12機全部が撃墜された。人的損害はパイロットの戦死4名と負傷4名だった。

敵の四発重爆の大編隊がドイツ中部に進入し、目標に近づくと、ほぼ全面的な優勢に立っている護衛のP-51の大群に対して、JG300とJG301が戦いを挑んだ。戦闘の結果、この2つの戦闘航空団はパイロットの戦死54名、負傷15名という甚大な損害を被った。レーブニッツから出撃したII.(Sturm)/JG300は幸運に恵まれた部類であり、損害は死傷者7名に留まった。

1945年1月14日の迎撃戦による損害の合計は、パイロットの戦死、または行方不明107名、負傷32名に達した。これは本土防空任務の部隊にとって棺に打ち込まれた最後の釘となった。ヒットラーはアルデンヌ作戦についてすべてを諦め、昼間戦闘機の大半を東部戦線に移動させる措置を取った。東部戦線ではソ連軍はすでにオーデル河——ベルリンへの進撃を防ぐ最後の自然の要害——の近くまで迫っていた。

3つの元強襲攻撃専門の飛行隊は、阻止できない敵を阻止しようとして、東部戦線で大戦の最後まで戦うことになった。戦う相手はドイツの上空へ高高度で進入してくる四発重爆の限りなく続く編隊隊列ではなく、津波のようにベルリンに向かって進撃してくる赤軍の戦車と歩兵の大部隊だった。

オーデル河戦線での大戦の最後の数週間、敵の機甲部隊と歩兵部隊の集

オスカー・ベッシュ軍曹は1945年1月14日、IV.(Sturm)/JG3のFw190 12機を率いて出撃し、P-51との戦闘で全機を撃墜された。無事に生き残ったのはベッシュ軍曹を含めて4名のみだった。

ここに並んだII.(Sturm)/JG300の2機のFw190は、胴体後部に新しい本土防空戦闘機隊標識、青／白／青の幅広バンドをつけている。1945年の初め、レーブニッツ基地。

1945年2月17日、オスカー・ロム中尉はIV.（Sturm）/JG3の飛行隊長に任命された。この写真は4月の初めに撮影された彼とその飛行中隊長（カッコ内は中隊番号）である。左から右へ、ジークフリート・ミューラー少尉（13）、本部業務担当将校、"オッジ"・ロム、カール＝ディーター・ヘッカー少尉（15）、ヴィリ・ウンガー少尉（14）。第16中隊は3月の半ばに解体されていた。

IV.JG3は大戦終末期の3カ月間、東部戦線で全面的にソ連空軍との低高度での戦闘に当たったのだが、依然として"強襲"部隊という呼称が続いていた。それはこのパイロットの兵役手帳の移動記録頁に示されている。最後の1行には"26.4.45-2.5.45 IV Sturm / J.G. Udet, 13 Staffel"（訳注：「1945年4月26日〜1945年5月2日、第IV突撃飛行隊/戦闘航空団ウーデット、第13飛行中隊」と書かれている。5月2日、この部隊はRAFに降服するためにジュルト島のヴェスターラントに移動することになっていた。

第五章 ●アルデンヌ反撃作戦、ボーデンプラッテ作戦、そして東部戦線での最後の戦い

II.（Sturm）/JG300は、東西に二分されたドイツの南部の一隅で隊の歴史を閉じた。しかし、この第8中隊の"黒の12"の残骸が置かれた正確な場所は不明である。

II.（Sturm）/JG4の最後の出撃はオーデル河戦線でのソ連軍に対する攻撃だった。この隊のパイロット2名——いずれもエストニア人の志願者——はソ連軍の捕虜になることを避けるために、中立国であるスウェーデンに脱出した。アクセル・ケッスラー上級士官候補生は、この"黒の10"（カウリングにはまだ部隊マークが残されている）を操縦して、4月19日にプルトフタに着陸した。

中地点を攻撃するために、これらの元強襲飛行隊は一度にひと握りの機数を出撃させるのが精一杯だった。これは、フォン＝コルナツキ少佐の本来のコンセプト——多数の機の密集編隊によって高高度で敵の重爆編隊を強襲する戦術——とはまったくかけ離れた戦いだった。そのような状態になっても、強襲戦術の実験の時期以来のベテランがわずかながら残っていた。

　1945年4月14日——ドイツ降伏の3週間前——に、ヴィルヘルム・モリッツ少佐がもどってきた。IV.EJG1が解隊されたために訓練部隊の任務から解放され、ゲーアハルト・シュレーダー少佐と交替してII.（Sturm）/JG4飛行隊長の職についたのである。その翌日、14.（Sturm）/JG3のヴィリ・マキシモヴィッツ軍曹がベルリンの東方で、彼の最後の戦果となる2機（いずれもソ連のYak-3）を撃墜した。それから2日後、マキシモヴィッツ軍曹が率いる小隊編隊（シュヴァルム）は、同じ地区での赤軍の戦闘機との激烈な格闘戦の中で戦っているのを視認されているが、彼の小隊のフォッケウルフはこの戦闘から1機も帰還しなかった。

あとがき──強襲攻撃から体当たり攻撃へ
POSTSCRIPT — FROM STURM TO RAMM

　ドイツ空軍の強襲飛行隊（シュトゥルムグルッペ）の本当の性格についてはさまざまな誤解がある。一部の書物では強襲飛行隊は懲罰部隊、陸軍の囚人大隊に近い部隊であると書かれている。一方では、強襲飛行隊は"カミカゼ"スタイルの自殺攻撃部隊そのものだと見ている書物もある。このような見方はいずれも明白に誤っている。

　大戦の後期、ことに敗戦に近い混乱した時期には、実際にいくつかの小規模なSO部隊（SOは自己犠牲（ゼルプストオプファー）という言葉の頭文字）があった。早い時期の特別飛行中隊（ゾンダーシュタッフェル）、"アインホルン"と"レオニダス"の2隊と、終末期のSO飛行隊AとBの2隊である。後者2隊は赤軍がベルリンに進撃するのを防ぐために、志願したパイロットが爆装した単座機に乗り、オーデル河の橋梁に突入することを任務とした部隊であり、JG4のBf109がこの攻撃の掩護に当たることが多かった。

　これらのSO部隊の大半はナチ党の思想指導者たちが考え出したものであり、参加志願者の大部分はナチ党の熱狂的な支持者か本当の理想主義だった。しかし、この種の部隊の中で最も有名な部隊は、厳密な意味では"自殺攻撃"部隊ではなく、計算し抜かれた軍事的なご都合主義の産物だった。この計画の背後にいた人物は、"野生の猪"（ヴィルデ・ザウ）夜間戦闘戦術を創案し、部隊を新編して実戦化に進めたハヨー・ヘルマンであり、この時期には大佐に昇進していた。

　彼は1943年12月以降、防空査察総監の職に就いており、アードルフ・ガランド戦闘機隊総監と同様に、強襲飛行隊は意図された目的を達成できなかったと考えていた。ガランドが計画していた"強力パンチ"（デア・グロース・シュラーク）作戦が実施できない状況になってしまうと、ヘルマン大佐は強襲飛行隊の戦術と論理を一歩前に進めることを計画した。彼は米軍の四発重爆の編隊に対して、多数の機を集中した攻撃をかけるために、志願パイロットだけを集めた戦闘機部隊を新しく編成することを考えた。機関砲を使用せずに攻撃し、体当たりは最後の手段としていたが、着実な体当たり攻撃をかける意図を最初から持って出撃するものと計画した。

　保守的な感覚を持つ者が多い空軍最高司令部に受け入れられやすくするために、これは自殺攻撃任務ではないと説明された。これまでの強襲飛行隊のパイロットの多くの事例をあげて、空中衝撃攻撃を実行したパイロットが生き残る可能性が高いことを大いに強調した。しかし、志願パイロットたちの乗機は重装甲のシュトゥルムボックではなく、普通のBf109であり、彼らが生き残る可能性は高くはなかった。

　少なからぬ反対はあったが、結局、この計画は承認された。ヘルマン大佐が起草し、ゲーリング国家元帥が署名した極秘電報が、1943年3月8日

フォン＝コルナツキ少佐が"強襲戦術の父"であるとすれば、ハヨー・ヘルマン大佐（この写真は少佐だった時代）は特殊部隊"エルベ"の体当たり戦術を実現させた、背後の強力な推進者である。

に発信された。この電報は通常のチャンネルを経由せず、直接に本土防空航空軍のすべての戦闘航空団、夜戦航空団、戦闘訓練航空団の司令にあてて送られた。

　その電報の受信者は各々、厳しい機密保持の態勢を整えた上で、指揮下の実戦パイロットと訓練修了に近い者の全員に電報の内容を読み聞かせよと命じられた。その冒頭の部分はパイロットたちに奮起を促す激励だった。

"ドイツとその国民と我々の国土の運命を決する最後の戦いはクライマックスに達している。世界の大半は我々との戦いのために同盟し、我々を破滅させる意志を固めている。我々は持てる力を最後の一片まで振り絞って、この脅威に立ち向かわねばならない。我々は今、祖国ドイツの歴史の上でかつてなかった危機に迫られている。それは復活の可能性を叩き潰す最終的な破壊である。ドイツの戦士の最高の理想を最大限に発揮することによってのみ、この危機を回避することができる。このため、本官はこの重大な危機に臨んで、諸君の力に期待をかけている。諸君は命を捧げてくれ！　祖国を敗北から救うために！　本官は諸君に求める。生還の可能性がわずかしかない任務につくようにと。この任務を志願する諸君は、そのための訓練に送られる。

"戦友たち！　諸君はドイツ空軍の最も有名なヒーローたちと同じ列に並ぶのだ。この最大の危機を前にして、諸君は民族全体に希望をあたえ、後世の人々の鑑となるのだ"

　志願者の数は部隊単位ごとに明確に区分して報告せよと電報は指示していたが、同時に志願者の姓名を確実に報告するようにと命じていた。"英雄的な行為の輝かしい鑑として長く残す"ためとされていた。

　約2,000名のパイロットがこの呼びかけに応じた。少なくとも実戦部隊である戦闘飛行隊ひとつが、隊全体で志願したともいわれているが、大半は訓練部隊からの志願者だった。暗示的であるかもしれないが、少し前まで強襲飛行隊だった部隊からの志願者はほとんどなかった。しかし、間もなく、志願者受け入れの数は大幅に縮小された。ヘルマン大佐はこの作戦のために1,000機のBf109配備を要求していたが、それが無理だと判ったためであ

オットー・ケーンケ少佐はKG54"トーテムコプフ"の爆撃機パイロットとして戦い、重傷を負って片脚を失った。その後、いくつかの幕僚職を歴任し、最後には特殊部隊"エルベ"の指揮官に任じられた。

る。最初、彼は350機の約束を得たが、最終的にはその半分をわずかに越えた数に落ち着いた。供給された機の大半は生産ラインから直接に送られてきた新品、Bf109Gの後期型とK型だった。

3月24日、184名のパイロットがシュテンダル飛行場──ベルリンの西90kmほど──に到着した。そこで、このグループは公式に"エルベ"訓練課程(シュリングレーアガング)──後に特別部隊(コマンド)"エルベ"という単純な隊名に変わった──と呼ばれるようになった。

オットー・ケーンケ少佐──元爆撃機パイロットで騎士十字章受勲者。この時はA/B訓練学校*査察官──の指揮の下に、シュテンダルで10日間の教育・訓練が行われたが、純粋に理論的な内容だった。数名の"腕達者"(エクスペルテン)が着実に効果をあげる体当たりの方法──爆撃機の後部胴体、尾翼のすぐ前の部分を狙って衝突する──を説明したが、そのうちのひとりはヴィリ・マキシモヴィッツだった！

*訳注：A/B訓練学校は単発機の初級と上級飛行訓練を併せた訓練学校。

プラハの郊外の3カ所の飛行場にも志願者を集め、同様の訓練コースが行われた。ここに集められたのは主に、Me262への転換訓練を待っている爆撃機パイロットたちである。第8航空軍の大兵力の四発重爆隊列はほぼ毎日、ドイツ北部の目標に対する爆撃を続けていたが、ある時点で南東部の目標爆撃に転換する可能性もあった。この訓練は明らかに、その事態に対応するための準備だった。

シュテンダルでの訓練は4月4日に終わった。1ダースほどの志願者は約50名のFw190のパイロットと共にシュテンダルに留まった。後者は志願者たちの出撃の際に掩護のために飛ぶ要員だった（結局、彼らにはフォッケウルフは1機も配備されず、攻撃は掩護なしで実施されることになった）。

志願パイロットの大部分は30～40名の4つのグループに分割され、4つの出撃基地──シュテンダルに比較的近いガルデレーゲン、ザッハウの2カ所と、南南東に140kmほど離れたライプツィヒの北東のデーリチュ、メルティツの2カ所──へ道路輸送で移動した。これらの基地で各々のグループは更に小隊(シュヴァルム)と分隊(ロッテ)（基本的な編隊の単位。ロッテは2機編隊、それが2つ

エルンスト・ゾルゲ大尉は"エルベ"参加志願者の中で唯ひとりの騎士十字章受勲者だった。彼は北極海戦線の偵察機パイロットとして活動し、十字章を授与された（この写真は200回目の出撃から帰還した時に撮影された）。ゲーリング国家元帥は高経験者、高位受勲者は受け入れるなと命じており、ゾルゲに志願を取り下げるように要請されたが、応じなかった。"唯一の騎士十字章受勲者が荷物をまとめて、帰っていったら、どれほどみっともないか"と反論した。そして、出撃に参加したが、不時着に終わり、無事に大戦終結を迎えた。

シュテンダルは特殊部隊"エルベ"の本拠地だった。これは大戦終結後の様子である。ここ点々と残されているBf109のうち、4月の"体当たり"攻撃に参加した機はあるのだろうか？

集まってシュヴァルムになる）に分けられ、出撃の際に搭乗する機を割り当てられた。

　この任務ではきわめて高い高度を飛ばねばならなかった。重量軽減のためにBf109から重量の高いエンジン内装備の機関砲は取り外され、機首上部に装備された機銃2挺の一方も取り外されて、13mm機銃1挺と弾薬60発だけが残されていた——その状態の機で出撃し、重爆撃機を撃墜したと報告したパイロットもあった！　プラハ周辺の部隊は武装がまったく無い機で飛んだともいわれている。

　加熱飛行服とその他の高高度用装備を支給され、パイロットたちの中には、まったくの新品で実用されたこのとない乗機を、少なくとも一度はテスト飛行したいと要望した者もあったが、燃料不足を理由に却下された（他の機を飛ばすために、配備された機から燃料の一部が抜かれることもあった）。

　作戦実施日には1945年4月7日が選ばれた。この日、第8航空軍は全力出撃を計画し、3個爆撃師団の四発重爆1,300機以上と、護衛戦闘機約850機が、ドイツ北部の鉄道操車場、飛行場、その他のさまざまな目標に向かって出撃した。

　特別部隊"エルベ"の各隊は1100時過ぎに離陸を命じられた。シュテンダルとガルデレーゲンの隊、合計約60機はリーネベルクの東方、エルベ河東岸のデミッツの上空で合流し、そこで計画された高度に上昇し、敵編隊の針路の確実な情報が送られるまで待機せよと命じられた。一方、ザッハウの隊は南東への針路を取ってマグデブルク地区に向かい、そこでライプツィヒから離陸した隊と会同するよう命じられた。

1時間近く空中で待機した後、パイロットのヘッドフォンは勇壮な音楽と、その合間にはさまれる女性管制指揮者の熱意をおびた指令の声で溢れかえった。妥当なことながら、エルベ河上空で高度11,000mまで上昇していた部隊が最初に接敵した。しかし、不運なことに、その相手は爆撃機の護衛に当たっていたP-51とP-47の強力な部隊だった。

　実戦経験のないドイツ空軍の若いパイロットたちは小さなグループに分かれて飛んでおり、彼らの大半にとっては接敵した時に彼らの任務は終わってしまった。多数の機がここで撃墜されたのである。生き残った機も多くは損傷しており、避退するために降下に入った。しかし、戦う意志を固めた何人かは護衛を突破してB-24の編隊に接近していった。彼らはリューネブルク荒野の上空、高い高度でリベレーターの群れに襲いかかった。それから45分ほどの混戦の中で、個々の機がどのように戦ったかを調査し、記録しておこうと、これまで何人もが試みてきた。

　ある記録には、先頭のリベレーターは体当たりを受け、列機の1機と共に墜落したと書かれている。パイロットのひとりは、彼のBf109がB-24の尾翼を切り裂き、そこで跳ね飛ばされて別のB-24に激突し、その機が3番目のB-24に衝突した状況を語っている。多くの四発重爆が尾翼の大きな部分や主翼の一部を失い、フランスの飛行場に不時着したり、英国の基地までよろめきながら帰還したりしたが、実際に撃墜されたのは3機のみと公式に記録されている。

　一方、マグデブルク上空で会同した2つの隊は北西へ針路を取り、約500機のB-17の編隊隊列の迎撃に向かった（プラハから出撃した2ダースほどのBf109G-14が、数キロ後方で同じコースを飛んでいた）。正午をわずかに過

大戦終結後、訓練用の機が多数、チェコスロヴァキアに残された。ここに並んでいるBf109も、場合によっては、特殊部隊〝エルベ〟のバックアップに使われることになったかもしれない。

ぎた頃、ハノーヴァーの上空で戦闘が始まった。戦闘の経過はリューネブルク上空と同じであり、機銃1挺のみ（または、まったく無武装）のメッサーシュミットは、フォートレスの護衛戦闘機の大群に突っ込んでいかねばならなかった。それを突破することができた者は、何のためらいもなくB-17に向かって降下していった。
　この戦闘でも、体当たりを受けた何機もの四発重爆が僚機を巻き添えにして墜落していったとの記録がある。この編隊はB-24の編隊より大きな損害を受け、フォートレス14機が墜落し、その数倍の機が損傷を受けた。しかし、この攻撃によっても、第8航空軍の爆撃作戦を防ぐことはできなかった。以前の強襲飛行隊と同様に、特別部隊"エルベ"もリベレーターとフォートレスの目的達成を阻止できなかった。"マイティー・エイス"はドイツ空軍が繰り出すどのような戦術 —— どれほど激烈なものであっても —— にも打ち勝ち、ドイツ本土上空の昼間航空戦で疑う余地のない勝利者となったのである。
　1320時、すべては終わった。"エルベ"部隊の生き残りのメッサーシュミットは戦闘空域を離脱し、基地に向かった。しかし、50～60名の若いパイロットたちが帰還しなかった。

1945年4月7日の出撃で体当たり攻撃によって損害を受け、やっとのことで帰還した100BGのB-17G 43-38514。垂直尾翼、方向舵、左の垂直尾翼に強烈な損傷の跡が見える。何本もの切り裂かれた傷跡はBf109のプロペラによるものである。

カラー塗装図 解説
colour plates

1
Fw190A-6 "白の7" 1944年1月 ドルトムント
第1強襲飛行中隊 オットマー・ツェハルト中尉
第1強襲飛行中隊の新設当時の装備機は、全部とはいえないが、大半は胴体後部に本土防空戦闘機部隊の赤い幅広のバンド——彼らがドルトムント基地で配属された飛行隊（グルッペ）、ルードルフ＝エーミール・シュノーア少佐指揮のI./JG1と同じ標識——を塗装されていた。この機はまだキャノピーに防弾ガラスを装着されていないが、コクピット側面の装甲板は装着されている。この"白の7"は中隊の初戦果——1944年1月11日に撃墜したB-17——をあげたツェハルト中尉の乗機である。

2
Fw190A-6 "白の1" 1944年1月 ドルトムント
第1強襲飛行中隊長
ハンス＝ギュンター・フォン＝コルナツキ少佐
1944年1月中旬までに、第1強襲飛行中隊初期のA-6はいくつかの改造を受けた。この機には木製の枠にはめられた防弾ガラス（"目隠し"と呼ばれた）が、キャノピーの側面に取りつけられている。しかし、もっと目を引くのは胴体後部に塗装された独特な黒／白／黒のバンドである。これは空中で味方識別、そして赤いバンドを使い続けていたI./JG1の機と識別するための標識と思われる。この機は公式に中隊長の乗機とされていたが、フォン＝コルナツキがこの機で飛ぶことはめったになかったと思われる。

3
Fw190A-6 "白の2" 1944年2月 ドルトムント
第1強襲飛行中隊 ゲーアハルト・フィフルー 一等飛行兵
すべての防御装甲を装着したフィフルーの強襲戦闘機で目立ったお洒落は、1944年の初めの時期、短い期間に第1強襲飛行中隊の機のカウリングに描かれた大きな部隊紋章である。ゲーアハルト・フィフルーはこの中隊でB-17を撃墜した後、部隊組織の改編と共にIV.（Sturm）/JG3に移って戦い、伍長に進級した。1944年10月6日の戦闘で重傷を負い、19日後に病院で亡くなったが、それまでに四発重爆5機とP-51を1機、個人戦果に加えていた。

4
Fw190A-7 "白の8" 1944年3月 ザルツヴェデル
第1強襲飛行中隊 ヴェルナー・パイネマン軍曹
第1強襲飛行中隊のA-7の早い時期の機。この機も防弾装甲をすべて装着しているが、胴体のMG131機銃は取り外されている。部隊紋章はすでになくなっているが、スピナーに新たに白い渦巻きが塗装されている。以前に飛行教員だったパイネマンはその後、少尉としてII.（Sturm）/JG4で戦っていたが、1944年9月28日にヴェルツォウで離陸時の事故によって死亡した。

5
Fw190A-7 "白の10" 1944年3月 ザルツヴェデル
第1強襲飛行中隊
この機は塗装図4のパイネマンの機とほとんど区別がつかないが、スピナーの渦巻きの白い線の数が多くなった点が異なっている。この"白の10"は4月8日にザルツヴェデルでジークフリート・ミューラー少尉が胴体着陸した機であるかもしれない。その後、ミューラーは16.（Sturm）/JG3の飛行中隊長に任じられ、それから同じ飛行隊（グルッペ）の第13飛行中隊長に転任した。彼はJG7のMe262のパイロットとして大戦終結を迎えた。個人戦果は17機。

6
Fw190A-7 "白の20" 1944年3月 ザルツヴェデル
第1強襲飛行中隊長
ハンス＝ギュンター・フォン＝コルナツキ少佐
飛行中隊長が好んで乗った機はこの"白の20"だった（この中隊が以前にドルトムントでI./JG1に配属されていた時、その飛行隊長が指揮官の記号であるシェヴロンの代わりに白で"20"の機番を乗機に描いていたので、その影響を受けてコルナツキはこの機番を選んだのかもしれない）。胴体後部のバンドのちょっとしたお洒落——外側の黒のバンドに細い白の縁どりが加えられている——に注目されたい。ゲーアハルト・ドスト少尉は3月6日、この機に乗って出撃し、フォートレス1機を落とした直後に撃墜され、戦死した。

7
Fw190A-7 "白の14" 1944年3月 ザルツヴェデル
第1強襲飛行中隊
この機も胴体後部のバンドに細い縁どりが加えられているが、スピナーの渦巻きの線が増し、胴体の斑点がもう少し密になっている。これはA-7の中で遅く配備された機であり、1944年5月8日に第1強襲飛行中隊がVI.（Sturm）/JG3 "ウーデット"に新たな第11飛行中隊として編入された時期に使用されていた。

8
Fw190A-8/R2 "黄色の17" 1944年5月
バルト 12.（Sturm）/JG3 ヴィリ・ウンガー伍長
IV.（Sturm）/JG3に配属された最初のFw190のうち、第12飛行中隊の機には、後方に向けて発射するロケット弾発射筒1基が胴体下面に装備された。発射筒がはっきり描かれているこの図には、胴体後部の本土防空部隊の白いバンドも示されている（バンドの中には第IV飛行隊を示す記号、波形のバーが、以前の装備、Bf109から引き継がれて描かれている）。黒塗りのカウリングと、そこから後方の排気口と冷却ルーバーにかけて伸びている様式化された"稲妻"——この中隊の識別色、黄色で縁どりされている——にも注目されたい。ウンガー伍長は防弾より視野の広さを重視し、キャノピー側面の"目隠し"防弾ガラスを早々に取り外した者のひとりだった。

9
Fw190A-8/R2 "黒の8" 1944年6月
ドリュー IV.（Sturm）/JG3
ヴィリ・マキシモヴィッツ伍長
元第1強襲飛行中隊のパイロットだったマキシモヴィッツ伍長は、この11.（Sturm）/JG3のシュトゥルムボック（彼の機も"目隠し"防弾ガラスを取りつけていない）を操縦

して、ノルマンディ橋頭堡上空での戦闘爆撃（ヤーボ）機任務に出撃した。塗装とマーキングは塗装図8の機とだいたい同じである。"稲妻"の縁どりに赤が使われているが、第11飛行中隊の中隊識別色は黒であるために、パイロットが選んだ色が使われたのかもしれない。カウリングにはJG3 "ウーデット"の紋章、"翼がついたU"が描かれている。

10
Fw190A-8/R2　"青の13"　1944年7月
イレスハイム　JG300航空団司令
ヴァルター・ダール少佐

これは"謎の機"である。これがIV.（Sturm）/JG3の所属機であることは、胴体後部の白の幅広バンドとその上に加えられた波形バーによって、明らかにわかる。ダールがこの機のコクピットに座ってポーズを取っている写真は、オシャースレーベンの戦闘のすぐ後、それによって始まった"大戦果"を大々的に囃し上げる宣伝キャンペーンのために撮影されたものだろう。機番の数字の色は青だと長くいわれてきたが、それを裏付ける証拠はないようである。

11
Fw190A-8/R2　"黒の二重シェヴロン"　1944年7月
メミンゲン　IV.（Sturm）/JG3飛行隊長
ヴィルヘルム・モリッツ大尉

これはオシャースレーベンの戦闘の際のモリッツ大尉の乗機であり、マニュアル通りに部隊と指揮官職位表示のマーキング──JG3を示す胴体後部の白いバンド、その上に加えられた第IV飛行隊を示す波形バーと、パイロットが飛行隊長機であることを示すダブル・シェヴロン（二重の矢形マーク）──が塗装されている。カウリングと"稲妻"は黒である。この塗装が1943年春頃の西部戦線でのJG2の独特な"鷲の頭"モチーフの影響を受けていることは間違いないが、IV.（Sturm）/JG3の塗装はモリッツ大尉本人の提案によって決まったといわれている。

12
Fw190A-8/R2　"黒の二重シェヴロン"　1944年8月
ショーンガウ　IV.（Sturm）/JG3飛行隊長
ヴィルヘルム・モリッツ大尉

しかし、1カ月のうちに、IV.（Sturm）/JG3のシュトゥルムボックの姿は劇的に変化した。機首の黒の塗装と胴体後部の白い幅広のバンドが消えた。そして、この飛行隊の機は各々の機番（またはこの機のように指揮官標識）が、工場での塗装の上に付け加えられただけになった。モリッツ大尉は考えを変え、彼の部隊は戦闘空域で存在を誇示する塗装やマーキングを止めて──それによって米軍の戦闘機の特別な目標にされるのを避けることができる──爆撃機機列を攻撃する他の戦闘飛行隊と混ざり合うようにしようと心を決めたのである。

13
Fw190A-8/R2　"黒の3"　1944年8月　ヴェルツォウ
II.（Sturm）/JG4　ゲーアハルト・コット上等飛行兵

JG4はそのような分別は持っていなかった。この戦闘航空団が本土防空戦闘機隊に編入された時、第II飛行隊のシュトゥルムボックも含めて全機に、以前の第1強襲飛行中隊の機と同じ黒／白／黒の幅広の識別バンドを胴体後部に塗装した。カウリングに描かれたJG4の紋章、騎士の羽毛飾りつきヘルメットに注目されたい。ゲーアハルト・コットはIV.（Sturm）/JG3から第6中隊に転属してきた。教員の任務についていたが、大戦の最終期に元の部隊に復帰した。

14
Fw190A-8/R2　"白の16"　1944年9月　ヴェルツォウ
5.（Sturm）/JG4　フランツ・シャール上級士官候補生

塗装図13とほぼ同じ塗装のシャールの機、"Fratz（フラッツ）III"（風防の下にこの機名が書かれている）は、JG4のパイロットたちも機体受領後、すぐにキャノピーの"目隠し"防弾ガラスを取りつけないと決めたことを示している。この機名が意味している通り、これは彼の3機目の"白の16"である。これの前の2機は9月の早い時期に廃棄処分され、シャールは9月27日にB-24を1機撃墜した後、負傷していた彼は"フラッツIII"を胴体着陸させた。

15
Fw190A-8/R2　"白の7"　1944年9月
エアフルト＝ビンダースレーベン　7.（Sturm）/JG300

IV.（Sturm）/JG3が目立った塗装を止めたのを見習って、II.（Sturm）/JG300の初期のシュトゥルムボックも標準的な工場仕上げの塗装のまま、胴体の十字の国籍標識の前に個機番号、後方に第II飛行隊を示す水平のバーを加えただけで使用された。米軍の戦闘機パイロットがこの機を追って、照準器に捉えても、相手が強襲戦闘機だと気づくことはあるまい──キャノピーの左右によく目立つ防弾ガラスのパネルが取りつけられていても。

16
Fw190A-8　"黄色の12"　1944年9月
エアフルト＝ビンダースレーベン　6.（Sturm）/JG300
パウル・リクスフェルト伍長

この機もII.（Sturm）/JG300の初期の使用機だが、塗装図15の"白の7"がピカピカの新品同様であるのと違い、ひどく塗装が傷んでいて、この飛行隊が昔、"ヴィルデ・ザウ"戦術で戦っていた頃からの機であることがわかる。実際に"猪の頭"のマークがカウリングに描かれている。この機は風防両側面の防弾ガラスとコクピットの側面の装甲板を装着して、臨時に強襲戦闘機の標準に仕立てられた。装甲板には"Muschi（ムシ）"という機名が書かれ、胴体後部に幅広の赤いバンド（本土防空戦闘機隊でのJG300の正式な識別マーク）が塗装されている。

17
Fw190A-8/R2　"黄色の12"　1944年9月
エアフルト＝ビンダースレーベン　6.（Sturm）/JG300
ロータル・フェディッシュ士官候補生・軍曹

塗装、マーキング、装備（風防両側面の防弾ガラス・パネルとコクピットの装甲板。ただし"目隠し"は外されている）のいずれの面でも、この時期のII.（Sturm）/JG300のシュトゥルムボックの標準的な例である。ロータル・フェディッシュは10月7日に、この機の姉妹機、"黄色の15"に乗っていて戦死した。製造番号681513のこの機体は、その後、第8中隊の"青の15"として使用され、12月17日にシュレージエンで墜落した。

18
Fw190A-8/R2　"黄色の1"　1944年10月

レーブニッツ　6.（Sturm）/JG300
エーヴァルト・プライス軍曹

これも第6飛行中隊の機である。プライス軍曹の"黄色の1"は"目隠し"防弾ガラスを装着した状態でⅡ.（Sturm）/JG300に配備されたと思われる。キャノピーの可動部分の下辺の枠に、防弾ガラスを取り外した跡のリベットの穴が点々と残っている。この機の外装装甲板のすぐ後方には"Gloria（グロリア）"という機名が書かれている。

19
Fw190A-8/R2　"赤の1"　1944年11月
レーブニッツ　5.（Sturm）/JG300飛行中隊長
クラウス・ブレッチュナイダー少尉

1944年の終わり近くにレーブニッツ基地で活動していた第5飛行中隊の機の中で、広く知られた3機をご紹介する。最初の1機、ブレッチュナイダー少尉の"赤の1"の風防の下には、このパイロットについていうべきこと、すべてを示す単語、"Rauhbautz（ラウフバウツ）"——"タフ・ガイ"という意味——が書かれている。"ラウフバウツⅦ"と書かれているので彼はこれまでに少なくとも6機（！）を使ってきたに違いない。しかし、この製造番号682204の機がその最後のものになった。1944年後半に騎士十字章を受勲した強襲パイロットは8人のみだが、そのひとりであるブレッチュナイダー少尉は12月24日にこの"赤の1"に乗って出撃し、P-51に撃墜されて戦死した。

20
Fw190A-8　"赤の19"　1944年11月
レーブニッツ　5.（Sturm）/JG300
エルンスト・シュレーダー伍長

2機目、シュレーダー伍長の"赤の19"——Ⅱ.（Sturm）/JG300の強襲戦闘機全体の中で最も広く知られ、最も多くイラストの種にされた機であるかもしれない——もUSAAFのマスタングとの戦いの結果、終末を迎えた。しかし、この機の場合はシュレーダーの不注意のために高い木の先端近くに衝突し、大きな損傷を受けて事態が悪い方へ進んだのだが（詳細は本文第4章に書かれている）。コクピットの下に書かれた"Kölle Alaaf!（ケーレ・アラーフ）"という言葉——外装装甲板のスペースには入りきれなかった——は、ケルンの毎年のカーニバルの時に、町の人々が大声で呼びかけ合う土地の方言であり、"ケルン万歳"というような意味である。

21
Fw190A-8/R2　"赤の8"　1944年11月
レーブニッツ　5.（Sturm）/JG300
マテウス・エルハルト伍長

第5飛行中隊の有名な3機の最後は、エルハルト伍長が常にブレッチュナイダー中隊長のカチュマレク（列機）として飛んでいた機である。エルハルトはまだ19歳で、隊内で最も若いパイロットのひとりだった。彼は愉快にその事実を認め、"赤の8"に"Pinpf（ピンプ＝若者）"という機名をつけ、コクピットの下に書いた。エルハルトの戦闘活動は1945年1月14日の最後の大航空戦闘で終わった。彼は膝に重傷を負い、落下傘降下したのである。彼の確認を受けた個人撃墜戦果は、シュレーダー伍長と同じく、7機だった。

22
Fw190A-8/R2　"赤の10"　1944年12月
レーブニッツ　5.（Sturm）/JG300
カール＝ハインツ・ルザック軍曹

4番目の第5中隊の機、ルザック軍曹の"赤の10"の塗装は、塗装図19～21の3機とはずいぶん違っている。普通より密度の高いまだら模様のカムフラージュが全体に拡がり、胴体後部の本土防空戦闘機隊の識別バンドがなくなっている。ルザック軍曹は大戦終結の11前に負傷した。

23
Fw190A-8/R2　"黒の3"　1944年12月
ギュータースロー　14.（Sturm）/JG3

これも特徴が乏しいシュトゥルムボックの例のひとつで、1944～45年の冬、西部戦線での航空戦闘の最終期のⅣ.（Sturm）/JG3の機である。胴体後部の本土防空部隊の幅広バンドがなくなり、第Ⅳ飛行隊を示す"波形バー"もなくなっている。JG3の中でFw190を装備しているのは第Ⅳ飛行隊だけなので、特に飛行隊標識をつける必要はないと考えられたのかもしれない。この機はヨーゼフ・ゾンマー軍曹が12月24日にベルギー上空で撃墜された時の乗機、"黒の3"である可能性がある。

24
Fw190A-8/R2　"白の11"　1944年12月
バーベンハウゼン　5.（Sturm）/JG4
ヴァルター・ヴァグナー一等飛行兵

シュレーダー伍長の"ケーレ・アラーフ！"が今日まで最も多くイラストのテーマに取り上げられているⅡ.（Sturm）/JG300の機であるとすれば、ヴァグナー一等飛行兵の"白の11"は疑いの余地なく、最も多く写真撮影されたⅡ.（Sturm）/JG4のシュトゥルムボックである。それはこの製造番号681497の機が、1945年の元日のボーデンプラッテ作戦の際に、第9航空軍の第48FGと第404FGのサンダーボルトの基地、サントロンに胴体着陸したためである。それを第404FGが真っ先に分捕った……

25
Fw190A-8/R2　"00-L"　1945年1月　サントロン
第9航空軍第404FG

……そして、彼らはこの機をこのように変えてしまった。まずこのシュトゥルムボックの脚を出して立ち上がらせ、機体全体を輝かしい赤ペンキ塗装にした。しかし、カウリングのJG4の部隊マークは注意深く残されている。胴体の"中隊マーキング"は"Oh, Oh-'ell"と読まれたのではないかといわれている。垂直尾翼にシリーズ番号風に書かれた数字はボーデンプラッテ作戦の日を示している。"白の11"には代替のBMWエンジンが取りつけられたが、米軍の手で飛行することはなく、第404FGはドイツのケルンに移動する時、残念ながらこの珍しい分捕り品を残していかねばならなかった。

26
Fw190A-8/R2　"白の6"　1945年1月
レーブニッツ　7.（Sturm）/JG300飛行中隊長
グスタフ・ザルッフナー少尉

II.（Sturm）/JG300は1944～45年の冬の短い期間、胴体後部の赤のバンドを無しにしたが（塗装図22を参照）、新年になって新しい色の幅広バンド ―― 青／白／青を塗装するように命じられた。"グッスル"・ザルッフナーの"白の6"はこの新しいマーキング（バンドの上には第II飛行隊を示す標識、水平のバーが加えられている）をはっきり示している。カウリング（両側）には彼の一族の紋章といわれている飾りが描かれている。

27
Fw190A-8　"黒の2"　1945年2月
プレンツラウ　14.（Sturm）/JG3

II.（Sturm）/JG300のカラフルな新しい本土防空部隊の識別バンドと対照的に、IV.（Sturm）/JG3の機は東部戦線に移動した後も目立たない塗装・マーキングを続けていた。この比較的きれいな状態の機 ―― 大戦の終末期だが、新品の機は十分に補給されていた ―― は、オーデル河沿いの戦線で赤軍に対する低高度での戦闘爆撃機任務につくために、250kg爆弾1基を搭載している。

28
Fw190A-8　"白の15"　1945年4月
グリュックズブルク　II.（Sturm）/JG4
アナトール・レバネ中尉

東部戦線に移動した時に、II.（Sturm）/JG4も特徴的で、よく目立つ黒／白／黒の胴体後部のバンドを廃止した。十字の国籍マークの後方の第II飛行隊を示す水平のバーの周囲には、バンドを塗りつぶした跡がはっきり見える。この機のキャノピーは上部が膨らんだ型である点に注目されたい。レバネ中尉は、大戦終結直前にスウェーデンに脱出したII.（Sturm）/JG4のパイロットの2人目となった。2人はいずれもエストニア人の志願軍人であり、ソ連軍の捕虜になる可能性を回避するために脱出した。

◎著者紹介｜ジョン・ウィール John Weal

英国オスプレイ社の刊行図書20冊以上を著述し、イラストを描いている。彼が所有する第二次大戦についてのオリジナル・ドイツ語資料の量は個人の所蔵としては最大級であり、航空省の幕僚から前線部隊の隊員に至る大勢の旧ドイツ空軍の人々と連絡を続けている。彼は大戦中のドイツ空軍の組織と作戦行動の研究家であると同時に、側面図のアーティストとして著名で昔の『RAFフライング・レヴュー』誌とその後継のいくつもの雑誌の時代以来、フリーランスのエアブラシ・アーティストとして活躍している。

◎訳者紹介｜手島 尚（てしまたかし）

1934年沖縄県南大東島生まれ。1957年、慶應義塾大学経済学部卒業後、日本航空に入社。1994年に退職。1960年代から航空関係の記事を執筆し、翻訳も手がける。訳書に『ドイツ空軍戦記』『最後のドイツ空軍』『西部戦線の独空軍』（以上朝日ソノラマ刊）、『ボーイング747を創った男たち』（講談社刊）、『クリムゾンスカイ』（光人社刊）、『ユンカース Ju87 シュトゥーカ 1937-1941 急降下爆撃航空団の戦歴』（大日本絵画刊）、などがある。

オスプレイ軍用機シリーズ 52

ドイツ空軍強襲飛行隊

発行日	2006年8月11日　初版第1刷
著者	ジョン・ウィール
訳者	手島 尚
発行者	小川光二
発行所	株式会社大日本絵画 〒101-0054 東京都千代田区神田錦町1丁目7番地 電話：03-3294-7861 http：//www.kaiga.co.jp
編集	株式会社アートボックス http：//www.modelkasten.com/
装幀・デザイン	八木 八重子
印刷／製本	大日本印刷株式会社

©2005 Osprey Publishing Limited
Printed in Japan
ISBN4-499-22916-2 C0076

Luftwaffe Sturmgruppen
John Weal
First Published In Great Britain in 2005,
by Osprey Publishing Ltd, Elms Court,
Chapel Way, Botley Oxford, Ox2 9Lp.
All Rights Reserved.
Japanese language translation
©2006 Dainippon Kaiga Co., Ltd

ACKNOWLEDGEMENTS
The author would like to thank the following individuals for their generous help in providing information and photographs:
Karl-Heinz Berger, Oskar Bösch, Eddie J Creek, Roger Freeman, Chris Goss, Manfred Griehl, Rolf Hase, Gerhard Kott, Walter Matthiesen, Eric Mombeek, Axel Paul, Tomás Poruba, Dr Alfred Price, Ernst Schröder, Jerry Scutts, Robert Simpson, and Ulrich Weber.